Sitzungsberichte
der Akademie der Wissenschaften
der DDR
Mathematik – Naturwissenschaften – Technik

10 N

1978

Zu einigen Problemen der modernen Analytik

AKADEMIE-VERLAG · BERLIN

Sitzungsberichte
der Akademie der Wissenschaften
der DDR
Mathematik — Naturwissenschaften — Technik

Jahrgang 1978 · Nr. 10/N

Zu einigen Problemen der modernen Analytik

AKADEMIE-VERLAG · BERLIN
1978

Thesen, Vorträge und Diskussionsbeiträge
der Sitzung der Klasse Chemie mit Beteiligung
Auswärtiger Mitglieder der Akademie und Gäste
am 11. und 12. November 1976

Herausgegeben im Auftrage
des Präsidenten der Akademie
der Wissenschaften der DDR
von Vizepräsident Prof. Dr. Heinrich Scheel

Erschienen im Akademie-Verlag, 108 Berlin, Leipziger Str. 3—4

Lizenznummer: 202 · 100/225/78
Gesamtherstellung: VEB Druckhaus Köthen
Bestellnummer: 762 666 8 (2010/78/10/N) · LSV 1235
Printed in GDR
DDR 6,— M

Inhalt

Vorwort

Am 11. und 12. November 1976 veranstaltete die Klasse Chemie zusammen mit dem Rat für Analytik der DDR eine Klassensitzung mit Beteiligung von Auswärtigen Mitgliedern der Akademie der Wissenschaften der DDR und Fachkollegen aus den sozialistischen Ländern. Teilnehmer waren die Mitglieder der Klasse Chemie, des Rates für Analytik und aus dem Ausland:

Prof. E. Pungor, UVR
Prof. V. Kemula, VRP
Dr. E. Kanclíř, ČSSR
Dr. C. Peciar, ČSSR
Prof. N. Jordanov, VRB

Die Tagung war in vier Komplexe gegliedert:

- Konzeption der modernen Analytik
- Strukturanalyse
- Element- und Stoffanalyse
- Prozeßanalytik

Der vorliegende Band enthält die Thesen, Einführungsvorträge, Zusammenfassungen und Diskussionsbeiträge der Teilnehmer.

Damit gibt dieses Heft einen wertvollen Überblick über die Probleme der Analytik und über einige vorgesehene Entwicklungen in den befreundeten sozialistischen Ländern.

Heinrich Kriegsmann

Zu Problemen der Analytik — Thesen[1]

1. Zur Konzeption der modernen Analytik

— Kaum ein anderes Gebiet der Chemie hat sich in den letzten 30 Jahren so rasch entwickelt und z. T. auch inhaltlich verändert wie die Analytik. Sie hat sich zu einem interdisziplinären Wissenschaftszweig zwischen Chemie, Physik und Gerätebau entwickelt und gleichzeitig zur Entwicklung des Gesamtgebietes Chemie aber auch zu der anderer Disziplinen wie Metallurgie, Festkörperphysik, Werkstofforschung, Biologie und Medizin beigetragen. Neben der qualitativen und quantitativen Element- und Stoffanalyse gehört heute auch die Strukturanalyse zur Analytik.

— In den letzten Jahren ist eine große Anzahl von Methoden neu entwickelt bzw. alte entscheidend verbessert worden. Die Methodenentwicklung hat zu einer Einteilung der Analytik nach Methoden bzw. Methodengruppen geführt, z. B. elektrochemische Methoden, Chromatographie, optische Molekülspektroskopie, chemische Methoden und viele andere. Die Weiterentwicklung der Methoden sowohl hinsichtlich der apparativ-technischen Seite als auch bezüglich der besseren theoretischen Durchdringung und der Erfahrungsaustausch darüber ist entscheidend für die Weiterentwicklung der Analytik selbst. Sie darf aber nicht Selbstzweck werden, sondern muß stets Mittel zum Zweck bleiben. Wir glauben deshalb, daß es heute besser ist, die Grundlagenforschung in der Analytik nach analytischen Problemen zu gliedern, die sich aus den Stoff-Problemen ergeben. Dabei ist es notwendig, das richtige Wechselspiel zwischen Problem und Methode zu erkennen.

— In der Konzeption „Analytik“, die heute der Grundlagenforschung auf unserem Gebiet in der DDR zugrunde liegt, haben wir folgende Problemkreise formuliert, die hier zur Diskussion gestellt werden sollen:

1. Zusammenhänge zwischen Meßparametern und Struktur, Bindung, Eigenschaften der Moleküle bzw. Stoffe
1.1. Zusammenhänge zwischen Meßparametern und quantenchemischen Größen
1.2. Zusammenhänge zwischen Meßparametern und Substituenteneffekten

[1] Abgestimmt im Wissenschaftlichen Rat für Analytik, unter besonderer Mitarbeit von K. Doerffel, G. Ackermann, H. Gille, R. Radeglia, H. Geißler, K. Ulbricht.

1.3. Zusammenhänge zwischen Meßparametern und sterischen Wechselwirkungen
1.4. Zusammenhänge zwischen Meßparametern und Moleküldynamik
2. Strukturanalytik von und an Grenzflächen und von Festkörpern
3. Verallgemeinerungsfähige Methodik für die Inhaltsanalyse von Mehrkomponentensystemen und Polymeren nach Strukturgruppen, Stoffgruppen und Individuen
4. Bestimmung kleinster Beimengungen (homogen und inhomogen), Spuren- und Verteilungsanalyse
5. Beiträge zum wissenschaftlichen Gerätebau

Dabei sind 1. und 2. auf die vertiefte Ausschöpfung des in den einzelnen Methoden enthaltenen bzw. durch ihren komplementären Einsatz entstehenden theoretischen Informationsgehaltes ausgerichtet, während 3. und 4. stärker die so gewonnenen bzw. bereits bekannten Erkenntnisse auf die Gehaltsbestimmung anwenden. Im 1. Themenkomplex werden Grundlagenprobleme der Strukturanalytik bearbeitet. Der 2. Themenkomplex befaßt sich mit zwei Schwerpunkten der Strukturanalyse, von denen jeder für sich gesonderte Probleme der Präparationsmethodik, der Meß- und Auswertetechnik und auch der Interpretation bietet. Dabei werden die in 1. erarbeiteten Grundlagen genutzt. Im 3. Komplex sind die Weiterentwicklung der klassischen Analytik und die Strukturgruppenanalyse zusammengefaßt. Der 4. Themenkomplex beinhaltet methodische Weiterentwicklungen zur Spuren- und Verteilungsanalyse, während im 5. die im Rahmen der Arbeiten zum 1. bis 4. Komplex entstandenen Gerätentwicklungen einschließlich der universell nutzbaren Rechenprogramme ausgewiesen werden.

Zwischen den Themenkomplexen gibt es vielfältige Wechselbeziehungen, scharfe Grenzen sind ohnehin nicht zu ziehen. Die Themenkomplexe stellen die Schwerpunkte des erforderlichen methodischen Vorlaufs und damit der analytischen Forschung bis 1985 und sicher auch noch darüber hinaus dar.

— Die Entwicklung der Analytik in den vergangenen Jahren und auch in der Zukunft ist u. a. gekennzeichnet
  - durch die Forderung, Methoden problemorientiert neu zu entwickeln bzw. zu optimieren, wobei dieser methodische Vorlauf im allgemeinen nicht stoffspezifisch ist (z. B. Untersuchungsmethoden für Metalloxidoberflächen und Glas- oder Keramikoberflächen),
  - durch den komplexen Einsatz verschiedener Methoden unter anderem zur Vertiefung der Aussagen bei der Strukturanalyse bzw. zur Vermeidung systematischer Fehler bei der Gehaltsbestimmung, wofür hochqualifizierte Spezialistenkollektive erforderlich sind, die die Grenzen der Aussagefähigkeit der einzelnen Methoden kritisch einschätzen können,
  - durch z. T. hohe Investitionen für die Anschaffung der in steigendem Maße mit der Rechentechnik gekoppelten Geräte, die optimal genutzt werden müssen.

Dadurch wird eine enge Koordinierung der analytischen Grundlagenforschung auch über das Gebiet der Chemie hinaus notwendig, wie sie in der DDR auf der Grundlage der genannten Themenkomplexe durchgeführt wird.
Darüber hinaus ergibt sich daraus für den rationellen Einsatz der verschiedenen Methoden und Spezialisten die Notwendigkeit der Bildung von analytischen Zentren.

— Da die Analytik nur „Mittel zum Zweck" sein kann, ist neben der Koordinierung innerhalb der Analytik eine enge Koordinierung mit der stofflich orientierten Forschung erforderlich.
Die vom Analytiker geforderte Zusammenarbeit ist also mehrseitig:
1. mit dem Bearbeiter des Stoff-Problems, aus dessen Problemstellung sich das Analysenproblem ergibt, der die notwendige spezielle Stoffkenntnis vermittelt und mit dem gemeinsam geprüft werden muß, ob der Nutzen der geforderten Information und der dazu getriebene Aufwand im richtigen Verhältnis stehen;
2. mit anderen Arbeitsgruppen der gleichen Methode zur Weiterentwicklung und Bestimmung der Leistungsfähigkeit seiner Methode,
3. mit anderen Methoden, die für einen komplexen Einsatz in Frage kommen, und
4. mit dem wissenschaftlichen Gerätebau zur Beratung von Neu- und Weiterentwicklungen innerhalb seiner Methode.
Die Wirksamkeit und die Weiterentwicklung der Analytik werden u. a. maßgeblich von der Gestaltung der Zusammenarbeit auf diesen Ebenen abhängen, wobei der effektiven Zusammenarbeit mit dem Bearbeiter des Stoff-Problems die wichtigste Rolle zukommt.

— Dieser Entwicklung der Analytik muß auch bei der Ausbildung der Analytiker Rechnung getragen werden. Der Analytiker muß aufbauend auf fundierten Stoffkenntnissen und vertieften Kenntnissen über die apparativen und theoretischen Grundlagen möglichst mehrerer Methoden in der Lage sein, zur Lösung eines gegebenen Problems die optimalen Methoden auszuwählen bzw. anzupassen und eine kritische Einschätzung der Ergebnisse vornehmen zu können. Letzteres gewinnt mit steigendem Automatisierungsgrad immer mehr an Bedeutung.

2. *Zur Strukturanalyse*

— Die Struktur eines molekularen Systems umfaßt die Gesamtheit aller qualitativen und quantitativen Informationen über die Anordnung und Dynamik der Atomkerne, über die Wechselwirkungen zwischen den Atomen und über die Elektronendichteverteilung. Die Einbeziehung der Moleküldynamik in den Strukturbegriff ist heute noch nicht allgemein üblich, wird sich aber mit Sicherheit durchsetzen.

— Zur Strukturuntersuchung werden heute fast ausschließlich physikalische Methoden — in einigen Fällen gekoppelt mit chemischen Methoden — eingesetzt.

Die Meß- und Auswertemethodik für die Aufklärung der statischen Struktur ist heute in der Regel weiter entwickelt als die für die dynamische Struktur.
Für die Strukturaufklärung benutzt man heute überwiegend physikalische Methoden der Analysenmeßtechnik, die auf der Wechselwirkung zwischen Strahlung und Materie beruhen.

— Ziel der meisten Strukturanalysen ist es, Struktur-Eigenschaftsbeziehungen herzustellen. Die Beziehungen zwischen Struktur, Eigenschaften, Meßparametern, physikalischer Analysenmethoden und Theorie (Quantenmechanik, statistische Mechanik) lassen sich wie folgt veranschaulichen (vgl. Abb. 1).

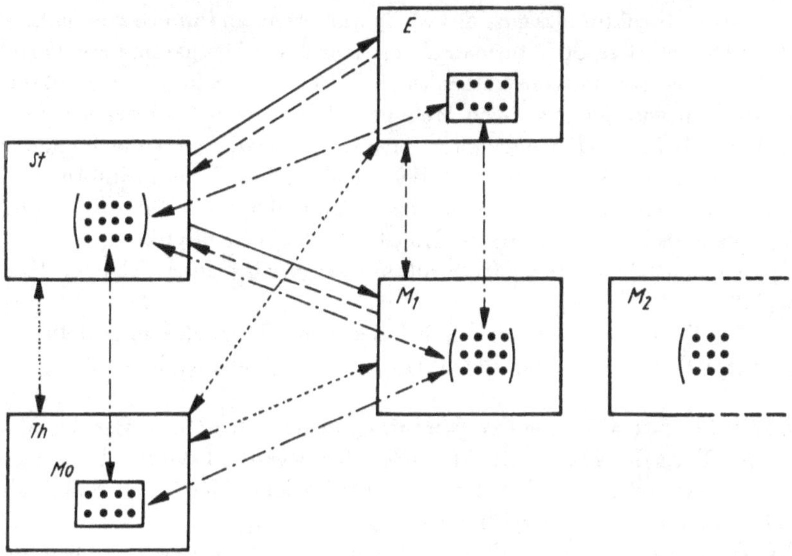

Abb. 1 Zusammenhänge zwischen Struktur, Eigenschaften, Meßparametern und Theorie

St = Struktur	———	eindeutiger Zusammenhang
E = Eigenschaft	— —	Zusammenhang im allgemeinen nicht herstellbar
M = Meßmethode bzw. -parameter	. . . . .	Zusammenhang vorhanden, aber für praktische Zwecke nicht immer anwendbar (Aufwand!)
Th = Theorie		
Mo = Modell	— · —	Zusammenhang näherungsweise darstellbar

Es gibt eindeutige Zusammenhänge zwischen der im obengenannten Sinne definierten Struktur und den Meßparametern der physikalischen Meßmethoden, desgleichen zwischen Struktur und Moleküleigenschaften. Diese Beziehungen existieren unabhängig von unserem Bewußtsein. Die Beziehungen im umgekehrten Sinne, also zwischen Meßparametern und Struktur bzw. Moleküleigenschaften und Struktur sind ebenso wie die zwischen Eigenschaften und Meßparametern im allgemeinen nicht herstellbar.

Zwischen Struktur und Theorie, zwischen Moleküleigenschaften und Theorie sowie zwischen den Meßparametern und der Theorie existieren direkte Beziehungen. Sie sind aber wegen des damit verbundenen hohen theoretischen und rechnerischen Aufwandes für praktische Zwecke in vielen Fällen nicht anwendbar.

Zwischen Elementen der Strukturmatrix und Teileigenschaften der Moleküle, Elementen der Strukturmatrix und einzelnen Meßparametern der Meßmethoden, Teileigenschaften und Meßparametern, Elementen der Strukturmatrix und Teiltheorien (Modellen) sowie einzelnen Meßparametern und Modellen lassen sich angenäherte Beziehungen herstellen. Das Herausarbeiten und Verbessern dieser angenäherten Zusammenhänge ist heute das Kernstück der methodischen Forschung zur Strukturanalyse. Strukturaussagen aus Meßparametern sind um so eindeutiger, je besser die Elemente der Strukturmatrix mit einzelnen Meßparametern korrespondieren. Dies hängt sowohl vom untersuchten System, der geforderten Strukturinformation als auch von der jeweiligen Meßmethode und dem Meßparameter ab. Da die einzelnen Meßmethoden und -parameter unterschiedlich auf die Elemente der Strukturmatrix ansprechen, liegt es auf der Hand, daß die Strukturinformation sicherer wird, wenn man mehrere Methoden bzw. Parameter zur Aufklärung heranzieht. Die optimale Methodenwahl ist die Kunst des Strukturanalytikers.

- Die Sicherheit und Genauigkeit der Strukturaussage wird durch folgende Faktoren beeinflußt:

  (Reinheit der Substanz), Genauigkeit bei der Ermittlung, der unmittelbaren Meßparameter (Frequenz, Intensität, chemische Verschiebung, Ionenhäufigkeit u. a.).

  Genauigkeit und Sicherheit bei der Ermittlung abgeleiteter Parameter der Methode auf der Basis der Theorie der Methode selbst (Kraftkonstanten, Bindungsabstände und -winkel u. a.), die Güte und Zuverlässigkeit der in der Skizze als durch Näherung herstellbar bezeichneten Zusammenhänge.

  Das schwächste Glied in dieser Kette bestimmt den Gesamtwert der Strukturaussage.

- die z. Z. wohl wichtigsten und am meisten eingesetzten Methoden zur Strukturaufklärung von Molekülen sind:

  Röntgenkristallstrukturanalyse, Neutronenbeugung, hochauflösende NMR-Spektroskopie, IR-, Raman-, UV-Spektroskopie, Massenspektroskopie, Elektronenresonanzspektroskopie, Mößbauerspektroskopie, Photoelektronenspektroskopie. Eine Wichtung dieser Methoden ist ohne Willkür nur schwer möglich, da ihr optimaler Einsatz vom Problem und von der Art und Beschaffenheit der Probe abhängig ist.

  So kann die RKSA in der Regel nur bei festen Stoffen, die hochauflösende NMR-Spektroskopie bei Flüssigkeiten, die Massen-Spektroskopie bei verdampfbaren Stoffen eingesetzt werden, während die ESR-Spektroskopie an das Vorhandensein ungepaarter Elektronen, die Mößbauerspektroskopie an den festen Zustand und das Vorhandensein von Mößbauerkernen gebunden sind. Am universellsten sind die optisch-spektroskopischen Methoden einsetzbar.

— Die Empfindlichkeit der meisten o. g. Methoden ist in den letzten Jahren so gesteigert und die Aufnahmetechnik so verbessert worden, daß es heute möglich ist, von geringsten Substanzmengen in Volumenphase Strukturanalysen durchzuführen. Durch entsprechende Techniken können in vielen Fällen auch schon dünne Schichten und Grenzflächen strukturanalytisch untersucht werden. Hier ist aber vielfach noch eine Empfindlichkeitssteigerung nötig, um für Strukturzwecke einwandfrei auswertbare Spektren zu erhalten.
Die Meßgenauigkeit vieler für die Strukturanalyse eingesetzter experimenteller Parameter reicht für die statische Strukturanalyse aus. Erschließbare Reserven liegen hier besonders in den Intensitäten der Schwingungsspektren, die erst jetzt durch apparative Entwicklungen und Kopplung der Geräte mit Rechnern besser zugänglich werden. Für die dynamische Strukturanalyse bedarf es fast durchgängig weiterer apparativer Verbesserungen.
— Durch die on- und off-line-Kopplung der Analysengeräte mit elektronischen Rechnern sind der nutzbare Informationsgehalt und die Genauigkeit der Methoden wesentlich erhöht, die Analysenzeiten beträchtlich gesenkt worden. Diese Entwicklung steht erst in der Anfangsphase.
— Die mit den jetzt bekannten strukturanalytischen Methoden prinzipiell verfügbare Information wird nur zu einem relativ kleinen Teil genutzt. Deshalb wird ein wesentlicher Schwerpunkt auf der Weiterentwicklung dieser Methoden in apparativer und präparationstechnischer Hinsicht ganz besonders aber auch bezüglich der weiteren theoretischen Durchdringung der Methoden selbst und ihrer Verbindung zur Theorie liegen.
— Darüber hinaus werden auch neue Methoden Bedeutung für die Strukturanalyse erhalten. Davon lassen sich bereits nennen: Ultrakurzzeitspektroskopie, hochauflösende NMR-Spektroskopie im Festkörper und höchstauflösende Elektronenmikroskopie, möglicherweise hochauflösende Laserspektroskopie.
— Die Strukturanalyse ist heute kein Arbeitsgebiet mehr für einen einzelnen, sondern läßt sich ökonomisch und rationell nur von einem größeren Kollektiv erfahrener Wissenschaftler mit Spezialkenntnissen über die verschiedenen Methoden durchführen.

3. *Zur Element- und Stoffanalyse*

— Die Element- und Stoffanalyse umfaßt alle Verfahren zur qualitativen und quantitativen Charakterisierung von Stoffen und Stoffgemischen hinsichtlich Individuen (Elemente, Verbindungen), Strukturgruppen bzw. Strukturtypen.
— Die Bedeutung der Elementanalyse für die Untersuchung der Zusammenhänge zwischen der Zusammensetzung von Stoffen und ihren Eigenschaften in Forschung und Praxis hat zur Entwicklung bzw. Weiterentwicklung einer großen Anzahl physikalischer und chemischer Methoden geführt (z. B. Farbreaktionen in Lösungen, kinetische Reaktionen, elektrochemische Analysenverfahren, Emis-

sionsspektroskopie, AAS, RFA, radiochemische Verfahren, Massenspektroskopie u. a.).
Aus der Sicht des Analytikers stehen dabei heute folgende Problemkreise im Vordergrund:

- die Bestimmung von Spurenelementen,
- die Ermittlung von Elementverteilungen in und auf der Probe,
- die Ermittlung von Stöchiometrieabweichungen (Präzisionsanalyse bei höheren Gehalten),
- die Automatisierung erarbeiteter Analysenverfahren für den Serien- und Routinebetrieb,

wobei es bei der methodischen Weiterentwicklung, hauptsächlich um die Erhöhung der Selektivität, die Steigerung des Nachweisvermögens, die Erhöhung der Zuverlässigkeit der Ergebnisse (Verbesserung von Präzision und Richtigkeit) sowie die Rationalisierung und Automatisierung der Arbeitsweise geht.

– Die Nutzung chemischer Reaktionen für analytische Zwecke ist trotz der Entwicklung der Vervollkommnung physikalischer Analysenmethoden nach wie vor von großer Bedeutung, wobei heute die Entwicklung von Verbundverfahren aus chemischer Anreicherung und Trennung mit einem physikalischen Meßverfahren, die Entwicklung der Präzisionsanalytik (für die nur chemische Methoden geeignet sind), die Entwicklung neuer bzw. Verbesserung bestehender Standardverfahren, die Entwicklung eines rationellen Reagenziensortiments, die Automatisierung und Mechanisierung chemischer Analysenverfahren (Analysenautomaten) sowie die Erschließung weiterer Reaktionen hinsichtlich ihrer analytischen Anwendung (z. B. Katalymetrie) besondere Schwerpunkte darstellen.

– Die Elementaranalyse organischer Verbindungen, bei der die Forderung nach Einsatz kleiner Probemengen und die Frage der Automatisierung eine besonders große Rolle spielen, hat heute einen relativ hohen Entwicklungsstand erreicht.

– Bei der Analyse von organischen Verbindungsgemischen ist es heute prinzipiell möglich, in nicht zu komplizierten Fällen und unter normalen Bedingungen Haupt- und Nebenkomponenten qualitativ und quantitativ zu erfassen. Zur Lösung dieser „einfachen" Analysenprobleme ist jedoch meist der Einsatz mehrerer physikalischer Analysenmethoden (UV-, IR-, NMR-Spektroskopie, Massenspektrometrie, oftmals mit vorgeschaltetem chromatographischen Trennverfahren) notwendig.
Für komplizierte Gemische (Vielkomponentensysteme, extreme Konzentrationsverhältnisse usw.) sind vollständige Individuenanalysen meist nicht möglich. Oftmals lassen sich nur Analysen nach Strukturgruppen oder Strukturtypen durchführen oder es können nur spezielle Probleme unter bestimmten Randbedingungen gelöst werden. Dabei ist die Kenntnis der Ergebnisse der Strukturanalyse notwendige Voraussetzung.

Die immer komplizierter werdenden Analysenprobleme erfordern modernste, hochleistungsfähige physikalische Trenn- und Bestimmungsmethoden, wie sie prin-

zipiell auch zur Verfügung stehen. Die Lösung derartiger Probleme oder Teilprobleme erfordert heute vom Analytiker neben fundierten Stoffkenntnissen problemorientierte methodische Grundlagenuntersuchungen zur
- Kombination der verschiedensten instrumentalanalytischen Trenn- und Bestimmungsverfahren,
- Weiterentwicklung bereits bestehender Methoden,
- Einführung und Eignungsprüfung neuer Methoden.

Dabei ist die Entwicklung gekennzeichnet durch die schnelle analytische Ausnutzung neuer Meßprinzipien und den immer stärker werdenden Einzug der elektronischen Datenverarbeitung in die analytische Chemie.

Die sinnvolle Nutzung der heute bekannten Analysenmethoden ist jedoch nur möglich, wenn deren wichtigste gleichzeitig zur Verfügung stehen. Der damit verbundene hohe materielle Aufwand zwingt den Analytiker aber auch zu ökonomischen Überlegungen mit dem Ziel, eine Analyse immer nur „so genau wie nötig" und nicht „so genau wie möglich" durchzuführen.

Der Einsatz physikalischer Meßmethoden und der elektronischen Datenverarbeitung schafft die Voraussetzung zur Automatisierung von Analysenverfahren und damit zu deren Einsatz in der Prozeßkontrolle.

4. *Zur Prozeßanalytik*

- Unter Prozeßanalytik versteht man die Ermittlung der qualitativen und quantitativen chemischen Zusammensetzung von Ausgangs-, Zwischen- und Endprodukten industrieller Verfahren zum Zwecke der Prozeßführung.
  Kriterien der Prozeßführung können dabei u. a. sein
  - die Ausbeute
  - die Minimierung des spezifischen Verbrauchs an Roh- und Hilfsstoffen sowie an Energie
  - die Kapazitätsausnutzung der Anlage
  - die Qualität der Produkte
  - die Sicherheit der Anlage
- Gegenüber der Laboranalytik ist für die Prozeßanalytik die vollständige Automatisierung der einzelnen Schritte, der Probenahme und Probeaufbereitung, des analytischen Meßvorganges und in zunehmenden Maße auch der Datenerfassung und -verarbeitung durch Computer in Verbindung mit der Steuerung der Anlagen charakteristisch.
  Die besonderen Vorteile der Prozeßanalytik gegenüber der manuellen Laboranalytik liegen vor allem in der im allgemeinen wesentlich verkürzten Zeitspanne bis zum Vorliegen der erforderlichen Informationen sowie in der Ausschaltung subjektiver Fehler. Sie kommen besonders zum Tragen bei Anlagen, mit denen hochwertige Produkte bei großer Kapazität und hoher Störfrequenz und Störamplitude hergestellt werden.

- Die große ökonomische Bedeutung des Einsatzes von Prozeßanalysatoren für die weitere Intensivierung der industriellen Produktion ist mit vielen Beispielen aus dem Bereich der chemischen Industrie der DDR zu belegen. Demgegenüber wird der größte Teil der Chemieanlagen noch über nicht stoffspezifische Parameter gesteuert.
- Prinzipiell ist jedes chem.-analytische Verfahren automatisierbar und in dieser Form zur Prozeßkontrolle und -steuerung geeignet. Besonders geeignet dafür sind physikalische und physikalisch-chemische Verfahren.
  Als „klassisch" können heute schon die Prozeß-GC, die nichtdispersiven Infrarotgasanalysatoren und verschiedene elektrochemische Prozeßanalysatoren gelten, die auf Grund der relativ breiten Einsatzmöglichkeit kommerziell hergestellt werden. Demgegenüber ist es ökonomisch nicht sinnvoll, auf der Basis aller möglichen Analysenmethoden Prozeßanalysatoren zu entwickeln und zu bauen. Das Hauptaugenmerk sollte sich vielmehr auf die technische Vervollkommnung der „klassischen" Methoden der Prozeßanalytik richten.
  Daneben werden, bedingt durch die vielfältigen spezifischen Problemstellungen chemischer Prozesse immer wieder Einzelentwicklungen auf der Basis anderer moderner Analysenmethoden notwendig.
  Die Entwicklung und der Bau von Prozeßanalysatoren muß in enger Zusammenarbeit auf den Gebieten der analytischen Grundlagenforschung, der Verfahrenstechnik, der BMSR-Technik und des wissenschaftlichen Gerätebaus erfolgen. Der dazu erforderliche Aufwand ist beträchtlich, eine schnelle Amortisation bei großen Produktionskapazitäten aber im allgemeinen gewährleistet.

KOMPLEX I

ZUR KONZEPTION DER MODERNEN ANALYTIK

Heinrich Kriegsmann

Einführende Bemerkungen

Wir sehen die Hauptaufgabe der Analytik darin, durch Ermittlung der qualitativen, quantitativen und strukturellen Zusammensetzung von Stoffen und Stoffgemischen entscheidende Beiträge zu der Erforschung der Zusammenhänge zwischen diesen Parametern und den Eigenschaften der Materie zu liefern. Wir haben deshalb in unserer Konzeption einige Problemkomplexe fixiert, die unserer Meinung nach heute Schwerpunkte der analytischen Forschung darstellen. Viele Teile dieser Konzeption sind unseres Erachtens allgemeingültig, einige aber auch auf die spezifischen Probleme bei uns in der DDR zugeschnitten.

Das Voranstellen der Probleme bedeutet keine Unterschätzung der Methodenentwicklung und der damit verbundenen methodischen Forschung. Diese sind Voraussetzung für erfolgreiche Problemlösungen auf hohem Niveau. Der Nachfrage nach Information für Problemlösungen seitens der problemorientierten Forscher muß parallel gehen ein ständig wachsendes Informationsangebot durch den stärker methodisch orientierten Forscher. Unserer Meinung nach ist dieses Wechselspiel zwischen problem- und methodenorientierter Forschung nicht nur für die moderne Analytik charakteristisch, bei ihr aber besonders ausgeprägt.

Unsere Konzeption der Analytik, einschließlich der mit ihrer Realisierung verbundenen Koordination der Forschungsarbeiten, erfaßt nicht nur Probleme der Chemie, sondern ebenso solche aus den Biowissenschaften, der Physik, den Werkstoffwissenschaften und aus dem wissenschaftlichen Gerätebau. Sie ist, wie die Analytik selbst, interdisziplinär.

Nikolaj Jordanov

Diskussionsbeitrag

Mit den Thesen von Herrn Prof. Kriegsmann bin ich im ganzen einverstanden. Völlig unterstütze ich die Auffassung, daß sich der Gegenstand der analytischen Chemie erweitert hat und daß er neben qualitativen und quantitativen Untersuchungen auch Strukturuntersuchungen umfassen muß. Dafür sprechen eindrucksvoll die Beispiele der Kristallmodifikationen des Titanoxids — Rutil, Anatas und Brookit — die gleiche Zusammensetzung haben, doch verschiedene chemische und physikalische Eigenschaften aufweisen, und pharmazeutische Präparate, die bei gleicher Zusammensetzung, aber unterschiedlicher Anordnung der funktionellen Gruppen unterschiedliche therapeutische Eigenschaften haben können.

Der analytischen Chemie haben Sie schon den Namen *Analytik* gegeben. Vielleicht klingt das gut auf Deutsch. Die verschiedenen Fachleute, die sich mit Analyse chemischer Stoffe beschäftigen, die aber keine Chemiker sind, werden wahrscheinlich diesen Fachausdruck viel leichter annehmen. Ich fürchte aber, daß in den Sprachen der anderen sozialistischen Länder kein entsprechendes Äquivalent zu finden ist.

Prof. H. Mallissa betrachtet die analytische Chemie als ein Informationssystem, das mindestens aus drei Elementen besteht — Probe, Reagenz, Signal. Bei Wechselwirkung zwischen Probe und Reagenz wird ein analytisches Signal erhalten, das uns Informationen über Zusammensetzung und Stoffstruktur gibt. Ist das Reagenz ein chemisches Reagenz, dann spricht er von chemischer Analyse, ist es ein Elementarteilchen oder Photon, dann handelt es sich um physikalische Analyse und wenn das Reagenz ein Enzym ist, dann spricht er von biologischer Analyse.

Prof. Mallissa bewahrt den Fachausdruck „Analytische Chemie“, weil es sich um die Analyse chemischer Stoffe handelt. Mir persönlich gefällt der Fachausdruck Analytik.

Zur Frage, ob die Thematik der Analytik nur problemorientiert sein muß: Meiner Meinung nach ist die analytische Tätigkeit in den meisten Fällen ein Mittel zum Zweck und nicht Selbstzweck gewesen. Laufend hat sie der wissenschaftlichen und industriellen Praxis gedient und deshalb in den letzten Jahrzehnten einen solchen großen Erfolg zu verzeichnen. Mittel zum Zweck aber konnte sie nur werden, nachdem sie ihre Verfahren entwickelt und vervollkommnet hat. Die analytischen Verfahren und analytischen Objekte haben immer in einer ununterbrochenen Wechselwirkung gestanden, was eine Weiterentwicklung bewirkte.

Ich bin der Meinung, daß in Abhängigkeit von der Art der mit Analytik beschäftigten Gruppe und von den ihr gestellten Aufgaben die Thematik sowohl problemorientiert als auch methodenorientiert sein kann, vielleicht auch beides gleichzeitig. Berücksichtigt man eine Reihe für die Analytik spezifischer Probleme, wie Probenahme, Verbesserung des Nachweisvermögens, Zuverlässigkeit, Selektivität, Rationalisierung, Probleme der störenden Wirkung der Matrixkomponenten und die Beseitigung dieser Störung, Auswertung der analytischen Daten, Probleme der Standardproben und viele andere, die sehr oft spezifisch für bestimmte Verfahren sind, so ist es richtig, daß in vielen Fällen, wo bevorzugt Grundlagenforschungen durchgeführt werden, die Problemstellung methodenorientiert ist.

Ich erlaube mir, Ihnen über die Organisation und Thematik eines großen analytischen Laboratoriums am Institut für chemische Industrie in Tokio zu berichten. Das Institut besteht aus vier großen Arbeitsgruppen — anorganische Synthese, organische Synthese, Analytik und Chemical engineering, die nach folgendem Schema miteinander funktionell verbunden sind:

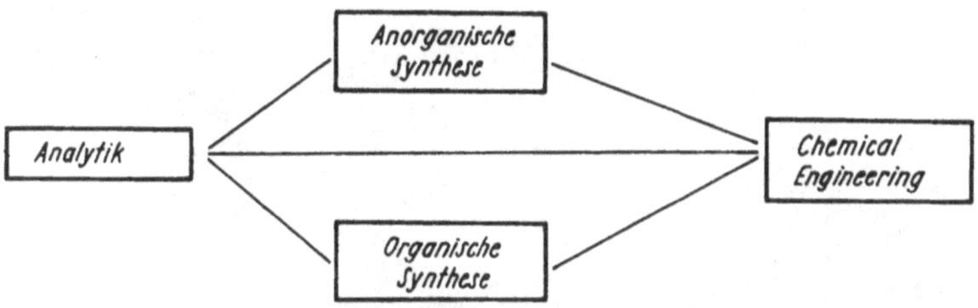

Die Analytik bedient die anderen drei Arbeitsgruppen, von denen sie ihre Aufgaben erhält. In diesem Sinne ist ihre Tätigkeit problemorientiert oder stofforientiert. Die Aufgaben werden dem Leiter der Arbeitsgruppe „Analytik“ (Analytical chemical practitioner) erteilt. Dieser hat allgemeine analytische Kenntnisse und ist mit den Möglichkeiten der verschiedenen analytischen Verfahren sowie mit den methodologischen und strategischen Problemen der Analytik vertraut. Er verteilt die Aufgaben auf die Fachleute, die die einzelnen analytischen Methoden beherrschen. Diese führen die Analysen zusammen mit ihren Mitarbeitern durch. Wenn es notwendig ist, wenn die Aufgaben die gegenwärtigen Möglichkeiten des Verfahrens übersteigen, arbeiten sie an der Vervollkommnung der Methoden. Gewöhnlich waren die teueren Geräte, wie z. B. Massenspektrometer, NMR-Spektrometer, ESR-Spektrometer, Photoelektronenspektrometer und andere, dreimal vorhanden. Mit einem der Geräte wurden Routineanalysen durchgeführt, mit dem anderen erfolgte die Vervollkommnung der Methoden und am dritten arbeiteten Mechaniker und Elektroniker. Nachdem ein Gerät vervollkommnet ist, wird es der entsprechenden Firma zwecks Produktion übergeben.

In diesem großen analytischen Laboratorium, wo alle möglichen analytischen Methoden benutzt werden, ist die Thematik also gleichzeitig methoden- und stofforientiert.

Zum Schluß möchte ich meine Freude über die gute Organisation und Sachlichkeit der Sitzung ausdrücken. Für mich persönlich hat sie sich als besonders nützlich erwiesen. Meiner Meinung nach ist diese Sitzung der organisatorische Anfang für ein neues Verständnis der analytischen Tätigkeit, für eine rationale Erweiterung von Objekt und Inhalt der analytischen Chemie, was uns veranlaßt, sie Analytik zu nennen.

Für die liebenswürdige Einladung, an der Sitzung teilzunehmen, für die Ehre und die Aufmerksamkeit, die mir erwiesen wurde, möchte ich meinen Dank der Leitung der AdW der DDR und persönlich dem Vorsitzenden der Klasse Chemie, Herrn Prof. Dr. G. Keil, aussprechen.

Edmund Kancliř

Anwendung einiger moderner analytischer Methoden zur Untersuchung der physikalisch-chemischen Eigenschaften von Silikatsystemen

Ich danke der Klasse Chemie vor allem für die Gelegenheit, an dieser Sitzung teilnehmen zu können, und für die Möglichkeit, den Diskussionsbeitrag vortragen zu dürfen.

Die von Prof. Dr. Kriegsmann, Vorsitzender des Wissenschaftlichen Rates für Analytik, vorgelegten Thesen wurden mit großem Interesse von den Mitarbeitern unseres Institutes studiert. Die vorgelegten Thesen sind erschöpfend, zutreffend, präzis ausgearbeitet und bieten reichhaltig Themen für die Diskussion.

Ich zitiere zu Beginn aus den vorgelegten Thesen, Kapitel 1 folgendes: „Darüber hinaus ergibt sich daraus für den rationellen Einsatz der verschiedenen Methoden und Spezialisten die Notwendigkeit der Bildung von analytischen Zentren.

Da die Analytik nur ‚Mittel zum Zweck' sein kann, ist neben der Koordinierung innerhalb der Analytik eine enge Koordinierung mit der stofflich orientierten Forschung erforderlich."

Aus dem Programm des Instituts für anorganische Chemie der Slowakischen Akademie der Wissenschaften geht hervor, daß in den Jahren 1976—1980 und perspektivisch bis 1990 das Problem „Anorganische Systeme, deren Reaktionen in der festen Phase und in Schmelzen" den Schwerpunkt des Programms bildet, und daß die analytische Chemie — oder Analytik, bzw. ihre Methoden, zwar untrennbarer Bestandteil, jedoch nicht das Hauptthema der Forschungstätigkeit ist. Der Bereich der angewandten Methoden wird, die Forschungsproblematik berücksichtigend, auf die physikalisch-chemischen Untersuchungen der Silikat- und Salzschmelzen beschränkt.

Namentlich zähle ich die Methoden auf, die zur Zeit angewandt werden, respektive an deren Entfaltung wir uns beteiligen. Es sind das:

1. Methoden der klassischen analytischen Chemie.
2. Thermische Methoden (DTA und GTA).
3. Methoden der Röntgen-Strukturanalyse.
4. Spektralmethoden (Emissions-, IR- und Ramanspektroskopie und die Röntgen-Mikroanalyse).

Ich führe einige Beispiele der Anwendung einiger analytischer Methoden an:

1. Die Methoden der klassischen analytischen Chemie werden hauptsächlich bei der Kontrolle der Synthesen der einzelnen Verbindungen angewandt.

2. Die thermischen Methoden DTA und GTA dienen zum Studium der Reaktionen und insbesondere dann, wenn es sich um einen Redoxprozeß handelt (Reaktionen unter Anwesenheit von Eisen und Chrom).

3. Der Röntgenstrukturanalyse wird an unserem Institut große Aufmerksamkeit gewidmet mit der Zielsetzung, einen komplexen Überblick über die ganze Problematik der Zusammenhänge zwischen der Struktur und den Eigenschaften zu sichern. Das Debey-Scherrer-Verfahren dient insbesondere der Identifizierung und quantitativen Bestimmung der koexistierenden Phasen.

4. Methoden der Emissionsspektroskopie werden für das Studium der heterogenen Systeme, feste Phase — Gas bei hohen Temperaturen, herangezogen. Die Methoden der Schwingungsspektroskopie (IR- und Ramanspektroskopie) werden für Struktur- und Identifizierungszwecke der untersuchten Systeme benutzt. Diese Methoden sollen für mögliche Untersuchungen der Schmelzstrukturen weiterentwickelt werden. Bemerkenswerte Ergebnisse brachte die Anwendung der Röntgen-Mikroanalyse beim Studium von Phasengleichgewichten, wo mit der qualitativen und quantitativen Analyse der Probe geeigneter Zusammensetzung, die in einem Temperaturbereich zwischen solidus und liquidus temperiert wird, durch eine einzige Messung direkt der Punkt an der Solidus-Liquidus-Linie gewonnen werden kann. Die Röntgen-Mikroanalyse bewährte sich auch bei der Untersuchung der festen Lösungen der Silikatsysteme. Quantitative Methoden mit Anwendung der EDV bei der Bestimmung der Elemente Mg, Ca, Si, Al, Fe, Cr und O_2 wurden ausgearbeitet. Diese Methode ermöglicht die Bestimmung der gebildeten Menge der festen Lösungen in den Fällen, wenn alle anderen Methoden nicht mehr anwendbar sind (Brechungsindexmessungen, Verschiebung der Diffraktionslinie, Methode des Phasenschwunds).

Die angewandten Methoden sollen im Institut für anorganische Chemie zentralisiert werden. Es werden nicht nur moderne, teilweise automatisierte Geräte angeschafft, sondern man ist auch um eine hochqualifizierte Interpretation der erhaltenen Werte bemüht.

Unter Berücksichtigung der bedeutendsten Ergebnisse, die im Institut für anorganische Chemie der Slowakischen Akademie der Wissenschaften mit Hilfe des Röntgen-Mikroanalysators erzielt wurden, wollen wir für unsere Forschung durch die Anschaffung eines Raster-Mikroskops mit einem EDAX-Zusatzgerät neue Möglichkeiten schaffen. Gleichzeitig setzen wir uns die höhere Fachausbildung der Mitarbeiter, die Entwicklung der gegenwärtigen analytischen Methoden, ihre weitere Automatisierung bei vollständiger Ausnutzung der elektronischen Datenverarbeitungstechnik mit dem Einsatz von kleinen und mittleren Computern zum Ziel.

Abschließend möchte ich bemerken, daß die vorgelegten Thesen und Vorstellungen mit der Zielsetzung der Analytik im Institut für anorganische Chemie der Slowakischen Akademie der Wissenschaften grundsätzlich übereinstimmen, was eine Vertiefung der schon existierenden Zusammenarbeit zwischen der Akademie der Wissenschaften der DDR und der Slowakischen Akademie der Wissenschaften im Bereich der anorganischen Chemie zur Folge haben wird.

Heinrich Kriegsmann

Zusammenfassung einiger Aspekte der Diskussion[1]

Die Diskussion zeigte völlige Übereinstimmung darüber, daß das in den Thesen umrissene Gebiet von eminenter Bedeutung für die Chemie und viele andere Wissenschaftsgebiete ist und daß die Analytik ein interdisziplinäres Wissenschaftsgebiet von hervorragender Bedeutung ist. Ein Meinungsstreit entbrannte an der Definition der Analytik und auch an ihrer Abgrenzung. Zur Definition konnte in der Diskussion keine befriedigende Lösung gefunden werden. Es wurde empfohlen, diese Diskussion national und international fortzusetzen. Es fehlte allerdings auch nicht an Stimmen, die die Definition für weit weniger wichtig hielten als rasche Fortschritte auf dem umrissenen Gebiet. Die international noch nicht überall übliche Einbeziehung der Strukturanalytik wurde allgemein akzeptiert und als richtungsweisend anerkannt. Unterschiedliche Auffassungen gab es darüber, ob die Interpretation der strukturanalytischen Daten auf bindungstheoretischer und moleküldynamischer Basis in die Analytik einbezogen werden sollte.

Charakteristisch für die Einwände gegen die Einbeziehung war hier die Äußerung von E. Pungor, daß er diese Interpretationen nicht in die Analytik einbeziehe, daß er sie aber für sehr wichtig halte und daß es sehr nützlich sei, wenn auch der Analytiker darüber nachdenke.

Von einigen Diskussionsrednern, aus der Physik und der Synthesechemie, wurde darauf hingewiesen, daß die Analytik nicht nur Mittel zum Zweck sein dürfe, da sie dadurch zu sehr eingeengt würde. In diesem Zusammenhang wurde eindringlich auf die Wichtigkeit der Weiter- und Neuentwicklung von Methoden hingewiesen.

Die Zusammenfassung von Spezialistenkollektiven mit interdisziplinärem Charakter und von Großgeräten in analytischen Zentren, die eng mit der stoff- und problemorientierten Forschung zusammenarbeiten, wurde allseitig als Entwick-

[1] Zur Diskussion sprach: J. Hertz, H. G. O. Becker, E. Pungor, R. Paetzold, K. Doerffel, W. Schirmer, E. Kanclíř, J. Auth, V. Kemula, G. Ackermann, N. Jordanov, E. Uhlig, G. Keil, R. Radeglia, E. Pungor, G. Werner, K. Doerffel, W. Spichale, R. Paetzold, G. Etzold, E. Kanclíř, K. Meyer, E. Pungor, H. Bremer, G. Ackermann, G. Ehrlich, G. Rienäcker, H. Grunze, G. Keil, E. Pungor, H. Kriegsmann.

lungstrend angesehen, da nur so eine rationelle Nutzung des ständig steigenden Aufwandes an Geräten und der verstärkten Informationsgewinnung möglich ist.

Mehrfach wurde betont, daß eine moderne Analytikkonzeption auch eine entsprechende Ausbildung verlangt. Dabei muß wegen der Komplexität des Gebietes sowohl die Studentenausbildung als auch die postgraduale Ausbildung berücksichtigt werden.

KOMPLEX II

ZUR STRUKTURANALYSE

Klaus Doerffel

Möglichkeiten und Probleme der spektroskopischen Strukturanalyse

Durch die rasche Entwicklung der synthetischen Chemie zu Beginn dieses Jahrhunderts wurde die Strukturaufklärung von Molekülen zu einem neuartigen analytischen Problem. Dabei interessierten sowohl die Anordnung der Atome im Molekül als auch die innere Beweglichkeit des Moleküls selbst. Im Zusammenhang mit dem Molekülbau erschienen aber auch makroskopische Stoffeigenschaften und Stoffgrößen in neuem Licht. Auch lieferten strukturanalytische Aussagen unmittelbare Beiträge zur Führung technologischer Prozesse oder zur Qualitätssicherung von Produkten. Mit dieser weitgespannten Fragestellung in Forschung und Produktion wurde die Strukturaufklärung zu einem qualitativ neuen und interessanten Arbeitsgebiet des Analytikers.

Zur Strukturanalyse des Moleküls greift der Chemiker bevorzugt auf Methoden der Molekülspektroskopie zurück (Beugungsmethoden — insbesondere die Röntgenkristallstrukturanalyse — sind im Vergleich zu den molekülspektroskopischen Verfahren immer noch sehr aufwendig, weshalb sie nur zur Strukturaufklärung von typischen Vertretern neuartiger Stoffklassen und in der Naturstoffchemie eingesetzt werden). Bei komplizierter Reindarstellung eines Stoffes können molekülspektroskopische Methoden unmittelbar mit der Gaschromatographie gekoppelt werden. Mit diesem Methodenpark ist fast jedes Strukturproblem in vergleichsweise kurzer Zeit zu lösen. Der komplexe Einsatz spektroskopischer Methoden ist damit zum unentbehrlichen Handwerkszeug des Chemikers geworden. Der Einsatz spektroskopischer Methoden wirft aber auch eine Reihe neuer Probleme auf.

- Bereits jede einzelne spektroskopische Methode hat ein so breites Anwendungsgebiet, daß es vom einzelnen oft nicht mehr überblickt wird. Das gilt in gesteigertem Maße für die Kombination mehrerer spektroskopischer Methoden. Die Strukturanalyse ist heute nicht mehr Arbeitsgebiet eines einzelnen, sie läßt sich ökonomisch und rationell nur von einem Kollektiv erfahrener Wissenschaftler mit Spezialkenntnissen zu den einzelnen Methoden durchführen.
- Das Instrumentarium für die Strukturanalyse ist außerordentlich kostenintensiv. Für die Installation von Hochleistungsgeräten ist die Bildung von Meßzentren mit genügender personeller Ausstattung eine unumgängliche Notwendigkeit. Es ist aber ebenso notwendig, kleine (und evtl. auch mittlere) Geräte in genügender Stückzahl dezentralisiert aufzustellen.

— Zur Strukturanalyse wird meist die bequeme und präzise zu bestimmende Signallage ausgewertet. Wenig genutzt werden die Signalparameter „Intensität“ und „Form“. Diese sind allerdings experimentell weniger einfach zugänglich, außerdem werden sie besonders leicht durch Geräteeinflüsse verfälscht.
— Beim kombinierten Einsatz spektroskopischer Methoden wird teure Information häufig vergeudet durch unzweckmäßiges Experiment oder durch unzweckmäßiges Auswerten. Auch läßt sich die gesuchte Information manchmal allein durch eine chemische Reaktion kostengünstiger gewinnen. Notwendig ist daher die Erarbeitung optimaler Experimentier- und Auswertestrategien.

Eine steigende Tendenz zeigt die Kombination spektroskopischer Methoden mit chemischen Hilfsreaktionen. Die Skala der dabei ausgenutzten Reaktionen reicht von der Bildung von Derivaten bis hin zur Ausnutzung schwacher unspezifischer Wechselwirkungen. Voraussetzung für eine derartige Arbeitstechnik ist natürlich, daß das Reaktionsprodukt als repräsentativ für die Struktur des Ausgangsstoffes betrachtet werden darf.

Zur spektroskopischen Strukturanalyse greift man mehr und mehr auf die Möglichkeiten der Rechentechnik zurück, meist in der off-line-Kopplung von Analysengerät und Rechner. Dabei kann ein umfangreiches gespeichertes Datenmaterial vom Rechner durchmustert werden, oder aber der Rechner simuliert das Spektrum und die Strukturanalyse besteht dann im Identitätsvergleich zum experimentellen Spektrum. Gerade beim Einsatz der Rechentechnik stehen wir noch sehr am Beginn, und es müssen Erfahrungen gesammelt werden, insbesondere aber Möglichkeiten, qualitativ neuartige Strukturinformationen zu erhalten.

Ebenso notwendig ist aber auch die kritische Einstellung des Chemikers gegenüber dem Rechnerresultat.

Jedes Spektrum liefert eine Fülle von Informationen, die vom Chemiker zu nutzen sind. Die fachgerechte Interpretation von Spektren zur Strukturanalyse muß deshalb zur Ausbildung des Chemikers gehören. Dabei ist es notwendig, die Aussage der physikalischen Methode immer wieder auf das chemische Problem zurückzuführen und dem Anfänger eine gewisse Systematik in der Spektrenauswertung zu vermitteln. Notwendig ist es weiterhin, die gegenseitigen Ergänzungen der einzelnen Methoden und ihre Grenzen aufzuzeigen.

Die Strukturanalyse wird auch in der Perspektive ihre wichtige Stellung beibehalten. Sicherlich werden Strukturanalysen unter extremen Bedingungen (hohe räumliche oder hohe zeitliche Auflösung) eine Rolle spielen. Neben der Kernresonanz schwerer Kerne werden sicherlich die Spektroskopie mit Elektronen und die LASER-Ramanspektroskopie sowie spezielle Techniken der HF- bzw. Massenspektroskopie an Interesse gewinnen. Ebenso ist dem Einsatz der Rechentechnik, insbesondere im Dialog zwischen Experimentator und Rechner, steigende Bedeutung zuzumessen. Bei allem Wandel der physikalischen Methoden bleibt jedoch das chemische Problem der Ausgangspunkt aller strukturanalytischen Fragestellungen.

Gerhard Etzold

Zur Untersuchung der dynamischen Struktur biologischer Objekte

Die biologische Forschung hat in den letzten 20 Jahren ihren Charakter tiefgreifend verändert. Die bloße phänomenologische Beschreibung biologischer Vorgänge tritt immer mehr in den Hintergrund und wird durch die Bemühung um die Aufklärung der molekularen Ursachen und Mechanismen der Lebensvorgänge ergänzt oder ersetzt. Diese molekularbiologische Betrachtungsweise setzt eine genaue Kenntnis der Strukturelemente biologischer Systeme und damit die Verfügbarkeit und Beherrschung leistungsfähiger Methoden zur Strukturanalyse voraus.

Es hat sich schon früh gezeigt, daß die alleinige Kenntnis der chemischen Struktur biologischer Objekte, also der Konstitution und Konfiguration einer Verbindung oder der Komponenten eines Biopolymeren, über den biologischen Funktionsmechanismus wenig oder keinen Aufschluß gibt. Damit soll nicht gesagt sein, daß z. B. die Aufklärung der Basensequenz eines Nukleinsäureabschnitts oder etwa der D- bzw. L-Konfiguration der Aminosäuren in Peptidhormonen nicht für eine spezielle Problemlösung von entscheidender Bedeutung sein kann.

Den Schlüssel zum Verständnis komplexer biologischer Funktionen und Prozesse kann jedoch nur eine gründliche Erforschung der dynamischen Struktur der beteiligten Moleküle und Molekülverbände geben. Unter dynamischer Struktur verstehen wir in der Molekularbiologie sich wiederholende spontane oder induzierte Änderungen der Atomkoordinaten in einem definierten biologischen Molekül oder Assoziat, etwa Schwingungszustände in einem Biopolymeren in Membranen, wie auch die Pseudorotation des Lactolrings in einem Nucleotid oder die Konformationsanpassung des aktiven Zentrums eines Enzyms an das Substrat, um eine optimale Orbitalüberlappung zu erreichen. Im weiteren Sinne zählen dazu jedoch alle höheren Strukturen von Biopolymeren oder Molekülverbänden, die sich nur durch relativ geringe Energiebarrieren voneinander unterscheiden und daher leicht Strukturänderungen, insbesondere reversiblen Konformationswechseln unterliegen. Typische Beispiele dafür sind die Helix- und Faltblattstrukturen, die globuläre und fibrilläre Raumstruktur, die stöchiometrisch und räumlich definierte Oligomerenbildung (Quartärstruktur).

In den meisten Fällen handelt es sich also um sehr komplizierte Strukturprobleme. Stellt man noch dazu in Rechnung, daß biologische Objekte in der Regel

— nur in sehr geringer Menge vorliegen und

— die nativen Parameter durch äußere Einflüsse leicht verändert werden, d. h., daß die Messungen unter schonenden Bedingungen erfolgen müssen,

so wird deutlich, daß die Untersuchung dynamischer Strukturen eine Herausforderung an die Strukturanalytik darstellt, wie sie bisher ohne Beispiel ist.

Immer unausweichlicher zeichnet sich ferner die Notwendigkeit ab, die Struktureigenschaften biologischer Verbindungen und den Ablauf biochemischer Prozesse direkt im komplexen biologischen System zu untersuchen. Es ist zu erwarten, daß der Erkenntnisfortschritt in der Molekularbiologie in den nächsten Jahrzehnten vor allem durch die Erfolge bei der Erforschung intakter nativer Mehrkomponentensysteme, z. B. von Multienzymkomplexen, bestimmt wird. Die analytische Erschließung gerade dieses Gebietes stößt jedoch auf besondere methodische Schwierigkeiten, da diese Systeme in den meisten Fällen schwer löslich und optisch dicht sind und daher der Analyse durch die meisten der bekannten physikalisch-chemischen Verfahren nicht zugänglich sind.

Im folgenden sei kurz skizziert, welche Analysenmethoden für die Untersuchung dynamischer Strukturen besonders geeignet sind, mit Erfolg bereits angewandt werden bzw. der Einführung oder Weiterentwicklung bedürfen. Aus den bisherigen Darlegungen ergibt sich zwangsläufig, daß nur zerstörungsfreie Analysenmethoden, also moderne physikalische Meßmethoden hoher Empfindlichkeit dafür in Frage kommen — allerdings mit einer Einschränkung, die am Schluß noch erörtert wird.

Der Wunschtraum jedes Bioanalytikers ist eine Methode, die alle Atomkoordinaten eines Moleküls, d. h. die vollständige Raumstruktur unter physiologischen Bedingungen, also im gelösten Zustand, liefert. Diese ideale Methode gibt es nicht, und es ist heute noch schwer vorstellbar, daß es sie geben wird. Am weitesten nähert sich diesem Ideal die Röntgen-Kristallstrukturanalyse, die — abgesehen von einem beträchtlichen experimentellen Aufwand — jedoch auf Kristalle angewiesen ist, in die außerdem bei Biopolymeren noch Schwermetallatome eingelagert sein müssen. Die Voraussetzungen für die Röntgen-Kristallstrukturanalyse von Biopolymeren fehlen in der DDR leider noch. Eine stärkere Kooperation mit der Sowjetunion wäre eine Übergangslösung.

Alle anderen physikalischen Meßmethoden liefern nur Teilinformationen über die Struktur des Moleküls.

Wegen der hohen Empfindlichkeit und kurzen Meßzeit spielen optisch-spektroskopische Verfahren unverändert eine wichtige Rolle. So erlaubt die UV-Differenzspektroskopie in Verbindung mit Perturbationsversuchen sowie die Fluoreszenzspektroskopie Aussagen über die Lage bestimmter Chromophore in der dreidimensionalen Struktur. Aus IR-spektroskopisch verfolgten H-D-Austauschexeperimenten lassen sich Rückschlüsse auf die Zahl und Stärke der Wasserstoffbrückenbindungen ziehen. Da die Asymmetrie bzw. Anisotropie ein typisches Merkmal der meisten biologischen Strukturen ist, liefern Untersuchungen mit polarisiertem Licht, d. h. die Messung des Circulardichroismus und der optischen Rotationsdispersion, wichtige Indizien für die chiralen Struktureigenschaften, z. B. den Anteil an α-Helices in Proteinen und Nukleinsäuren. Eine wünschenswerte Ergänzung wäre die

Gerätetechnik für die Messung der Fluoreszenzpolarisation und für manche Zwecke die Magnetooptik mit starken Feldern (supraleitende Magnete).

Unter den Streuungsmethoden hat die Röntgen-Kleinwinkelstreuung einen hohen Leistungsstand erreicht. Sie ermöglicht sehr detaillierte Angaben über die Gestalt von Molekülen in Lösung und zusammen mit der Elektronenmikroskopie die Bestimmung der Quartärstruktur von Biopolymeren. Die im Aufbau befindliche Röntgen-Weitwinkelstreuung kann Aussagen über die Tertiär- und Sekundärstruktur für bestimmte Systeme liefern. Als eine neue Methode ist die Fluktuationsspektroskopie in Vorbereitung, die die Lichtstreuung von Makromolekülen unter Strömungsbedingungen erfaßt.

Von den hochfrequenzspektroskopischen Methoden hat die hochauflösende NMR-Spektroskopie international bereits eindrucksvolle experimentelle Beweise für den räumlichen Aufbau aktiver Zentren von Enzymen und anderer Strukturabschnitte erbracht. Dazu ist jedoch mindestens eine Auflösung von 220 MHz erforderlich. Ein derartiges Gerät ist gegenwärtig im sozialistischen Wirtschaftsbereich nur in der Sowjetunion zugänglich.

Der Vollständigkeit halber sei noch auf die spektroskopische Untersuchung höherer Strukturen nach Einführung von Sonden, wie ESR-Messungen mit spin-labels hingewiesen, wobei jedoch mögliche Auswirkungen der Sonden auf die ursprüngliche Raumstruktur nicht ausgeschlossen sind.

Nach dieser kurzen Übersicht über die wichtigsten physikalischen Methoden zur Untersuchung dynamischer Strukturen in der Molekularbiologie, bei der die Problematik der Datenverarbeitung noch ausgeklammert blieb, sei abschließend auf eine interessante Entwicklung bei der Ermittlung höherer Strukturen hingewiesen, die nicht auf einem physikalischen Meßprinzip basiert. Und zwar schickt sich die chemische Analytik an, bei der Bestimmung der Sekundär- und evtl. auch Tertiärstrukturen von Proteinen mit den instrumentellen Analysenmethoden dadurch zu konkurrieren, daß sie sich mit Strukturtheoretikern verbündet. Es handelt sich um folgendes:

Wir wissen heute, daß alle höheren Strukturen eines Proteins durch die Aminosäuresequenz determiniert sind. Die Sequenz bestimmt das Ausmaß und die Art z. B. der Helixbildung, der prinzipiellen Faltung der Peptidkette und damit auch der Oligomerenbildung. Für diese Kausalität müssen also eindeutige Gesetzmäßigkeiten existieren, an deren Aufklärung gegenwärtig Theoretiker in der Sowjetunion und westlichen Ländern intensiv arbeiten. Erste Erfolge sind bereits zu verzeichnen. Andererseits ist die chemische Sequenzanalyse zwar ein nicht immer ganz einfaches, aber im Prinzip doch gelöstes Problem, so daß diese Liaison zwischen chemischer Analystik und Strukturtheorie für die Zukunft recht vielversprechend ist und vielleicht schon in absehbarer Zeit neue Akzente bei der Erforschung dynamischer Strukturen setzt.

Wolfgang Spichale

Diskussionsbeitrag

Anwendungsbeispiele für die Strukturanalytik im Chemiekombinat Bitterfeld (CKB) sind die Untersuchungen mittels Röntgendiffraktometrie und NMR-Spektroskopie.

Die Röntgendiffraktometrie dient zur Charakterisierung von Molekularsieben und Dispersionsfarbstoffen, sie wird gegenwärtig erprobt zur Bestimmung des Kryolith : Chyolith-Verhältnisses bei der Aluminium-Schmelzflußelektrolyse und war früher wichtig für die Prozeßführung der ehemaligen Titanweiß-Produktion (Bestimmung des Rutil : Anatas-Verhältnisses).

Die NMR-Spektroskopie hat für Fragen der Strukturaufklärung von Farbstoffen sowie Präparaten der Pflanzenschutz- und Schädlingsbekämpfungsmittel (PSM) große Bedeutung erlangt. NMR-Untersuchungen für die PSM-Suchforschung zielen z. B. auf die Strukturbestätigung neu synthetisierter Verbindungen, aber auch auf Klärung von Beziehungen zwischen der Stereochemie der Moleküle und ihrer biologischen Wirksamkeit. Auch zur Strukturaufklärung oder Identifizierung anderer Verbindungen sowie von Produkten bei Betriebsstörungen oder von Verunreinigungen leistete die NMR-Spektroskopie gute Dienste.

Die Strukturanalyse in dieser praxisbezogenen Anwendung ist im CKB integrierender Bestandteil der analytischen Forschung.

Cyril Peciar

Diskussionsbeitrag

Das Chemische Institut der Slowakischen Akademie der Wissenschaften (SAW) ist auf das Gebiet der organischen Chemie gerichtet. Diese Tatsache bestimmt die Wahl bei der Einführung analytischer Methoden zur Identifizierung unbekannter organischer Verbindungen.

Im Institut wurden schon vor einigen Jahren Mikromethoden zur Bestimmung von Kohlenstoff, Wasserstoff, Stickstoff nach Dumas, von Halogenen und Schwefel nach Schöniger, zur Bestimmung von Methoxylgruppen nach Vieböck und die Karl-Fischer-Methode zur Wasser-Bestimmung in organischen Lösungsmitteln eingeführt. Mikrobestimmungen des Kohlenstoffes, Wasserstoffes und Stickstoffes werden in Verbrennungsöfen der Firma Heräus durchgeführt.

Von den Spektralmethoden sind die IR- und UV-Absorptions-Spektroskopie vorhanden, die zum Nachweis verschiedener Substituenten bei organischen Verbindungen benutzt werden.

Weiterhin wurde die Kernresonanzspektroskopie eingeführt, für die ein NMR-Spektrometer vom Typ BS 487 B zur Verfügung steht. Es ist ein Erzeugnis von Tesla, Brno, und arbeitet mit einer Frequenz von 80 MHz für ^{1}H und ^{19}F. Mit Hilfe der NMR-Spektrometrie wird die Anwesenheit von funktionellen Gruppen, wie Acetyl- und Methoxyl-Gruppen, und aus dem integrierten Spektrum auch ihre Anzahl im Molekül bestimmt. Aus chemischen Verschiebungen und Kopplungskonstanten werden Konfiguration und Konformation des Moleküls bestimmt.

Bei der Bestimmung der Struktur organischer Stoffe ist eine geeignete ergänzende Methode der Circular-Dichroismus, wo auf Grund des Wertes des Cotton-Effektes die absolute Konfiguration am asymmetrischen Zentrum bestimmt wird unter der Voraussetzung, daß sich in der Nachbarschaft ein geeignetes Chromophor befindet. Dazu dient ein UV/CD-Spektropolarimeter der Firma Jasco.

Im Institut wurde ein Massenspektrometer JMS — D 100, ein Erzeugnis der Firma Jeol, installiert. Es dient zur Strukturbestimmung reiner organischer Stoffe und in Verbindung mit dem Gas-Chromatograph JGC-20K zur Strukturbestimmung der einzelnen Bestandteile einer Mischung. Es stellt die Verbindung zwischen einer Trenn- und einer Identifikationsmethode dar. Bei großer Auflösung kann man die elementare Zusammensetzung reiner Stoffe wie auch der Fragmente messen.

Ein Gas-Chromatograph der Firma Hewlett-Packard dient zur Auftrennung von

Mischungen organischer Verbindungen und zu deren qualitativer bzw. quantitativer Bestimmung.

Die analytische Abteilung des Chemischen Institutes der SAW stellt sich nicht nur die Entwicklung der hier angeführten physikalischen Analysenmethoden zum Ziel. Die Hauptaufgabe besteht in der Sicherstellung der Dienstleistung für alle anderen Abteilungen und Laboratorien im Institut.

Diese Dienstleistungen umfassen außer der Mikro-Elementaranalyse organischer Verbindungen, die Aufnahme von Spektren und deren Analyse sowie Hilfe bei der Korrelation der gemessenen Werte mit der Struktur der untersuchten Verbindungen.

KOMPLEX III

ZUR ELEMENT- UND STOFFANALYSE

Gerhard Ackermann

Zur Element- und Stoffanalyse

Neben den sich außerordentlich rasch entwickelnden instrumentellen Methoden der Analytik spielen auch heute noch die chemischen eine nicht unwesentliche Rolle. Betrachtet es der Analytiker als wichtigste Aufgabe, den für die Lösung einer gestellten Aufgabe in jeder Hinsicht günstigsten Weg auszusuchen, dann wird er auch in Zukunft noch oft chemisch-analytische Verfahren auswählen. Ganz abgesehen davon muß festgestellt werden, daß praktisch alle modernen physikalischen Analysenmethoden, wie z. B. die Emissionsspektroskopie, die Röntgenfluoreszenzanalyse, die Atomabsorption usw. an das Vorhandensein von Eichfunktionen gebunden sind, zu deren Aufstellung auch in Zukunft in der Regel nach klassisch-chemischen Verfahren analysierte Probematerialien verwendet werden müssen.

Das Hauptanwendungsgebiet der chemischen Analyse ist die Bestimmung von anorganischen Ionen. Hier hat es in den letzten beiden Jahrzehnten durch den Ausbau der Komplexometrie und durch die ständig wachsende Zahl organischer Komplexbildner für die Spektralphotometrie eine beachtenswerte Weiterentwicklung gegeben. Während die Komplexometrie ein breites Anwendungsfeld für die Bestimmung von Hauptkomponenten gefunden hat, stellt die Spektralphotometrie heute eine der wichtigsten Methoden zur Erfassung von Neben- und Spurenbestandteilen bis in den ppm-Bereich dar. Wegen ihrer Anwendungsbreite, dem recht geringen apparativen Aufwand und der hohen Präzision wird sie in der Praxis umfassend verwendet.

Natürlich gibt es neben den chemischen Methoden noch andere wertvolle Verfahren zur Elementanalytik, von denen hier nur die Spektralanalyse, die Polarographie, die Flammenphotometrie und die Atomabsorptionsspektralphotometrie genannt werden sollen. Steigende Bedeutung für die Spurenanalyse hat auch die Katalymetrie. Bei dieser Methode bildet der zu bestimmende Stoff den Katalysator für eine Reaktion, deren Ablauf leicht verfolgt werden kann, und bei der der Umsatz der Konzentration des Katalysators proportional ist. Da man die Zeit als Verstärkungsfaktor mit einbeziehen kann, erhält man sehr tief liegende Nachweisgrenzen. Darüber hinaus sind katalytische Bestimmungsverfahren gewöhnlich hochselektiv.

Die Übersicht wäre unvollständig, wenn an dieser Stelle nicht auch die radiochemischen Methoden unterschiedlichster Art und ihre Bedeutung besonders für die

Spurenanalyse mit angeführt werden. Trotz der anerkannt großen Bedeutung der Radiochemie könnte das Einsatzgebiet noch erweitert werden, wenn über die Grundlagen Kenntnisse in noch breiteren Kreisen vorhanden wären. Die nahezu völlige Negierung dieser Methoden in den zur Zeit geltenden Chemiker-Ausbildungspläne ist nicht befriedigend.

Bei den chemischen Analysenmethoden sollten in Zukunft die Bemühungen um eine Steigerung der Selektivität im Vordergrund stehen. Für den Vergleich der Leistungsfähigkeit ist es aber dringend erforderlich, daß sich die Analytiker über den zweckmäßigsten Weg zur Verfahrenscharakterisierung einigen.

So dürfte es z. B. in der Spektralphotometrie zweckmäßiger sein, weniger nach neuen Reagenzien zu suchen, als vielmehr durch Verbesserung der Reaktionsbedingungen z. B. eine Selektivitätserhöhung anzustreben.

Neben den Verfahren zur Bestimmung kleinster Gehalte spielen auch die zur Bestimmung kleinster Mengen, d. h. die Mikroanalyse, noch immer eine große Rolle. Im Einklang mit den Thesen sei hier nur auf die sog. Verteilungsanalyse hingewiesen, die Auskunft gibt über die Verteilung einzelner Komponenten in einer Matrix, z. B. über Ausscheidungen an Korngrenzen, aber auch über die inhomogene Verteilung der Hauptkomponenten. Zur Lösung derartiger Probleme sind Methoden mit hohem örtlichen Auflösungsvermögen erforderlich. Wegen des dazu nötigen hohen experimentellen (instrumentellen) Aufwandes hat die Verteilungsanalyse heute schon weitgehend den Charakter einer Spezialdisziplin angenommen.

Besonders im Zusammenhang mit der Elementanalyse wird heute schon oft die sog. Präzisionsanalyse als besonderes Teilgebiet herausgestellt. Im Prinzip handelt es sich dabei um die Bemühungen, durch einen hohen Grad der Verfeinerung der Arbeitstechnik die methodischen Fehler bei bekannten Verfahren auf ein Minimum zu reduzieren. Meist sind es klassische Methoden, besonders die Volumetrie, die dazu herangezogen werden. Durch Einsatz von Wägebüretten, durch eine umfassende Berücksichtigung der Titrierfehler usw. können dann auch die Hauptbestandteile eines Probematerials mit Standardabweichungen in der Größenordnung von etwa 0,1% erfaßt werden. Die Präzisionsanalyse hat nicht nur für Sonderwerkstoffe, wie z. B. für Verbindungshalbleiter, Bedeutung, sondern wird auch für die Bestimmung in Massengütern — z. B. Erzen — mit Erfolg eingesetzt, bei denen das Analysenergebnis unmittelbare ökonomische Konsequenzen hat.

Wenn man von chemischer Analyse spricht, dann denkt man in erster Linie an die Untersuchung anorganischer Substanzen (Ionen). Die analytische Chemie wird natürlich auch für die Untersuchung organischer Verbindungen angewandt. Allerdings beschäftigt sich die klassische organische Elementaranalyse nur mit der Bestimmung weniger Elemente (C, O, H, N, S, P). Da sich das Prinzip der Methode — die Verbrennung — seit Berzelius und Liebig und die Arbeitstechnik seit Pregel praktisch nicht geändert haben, konnte das Gewicht bei der Weiterentwicklung auf die Erhöhung der Präzision und des Arbeitskomforts gelegt werden. Die heute zur Verfügung stehenden Analysatoren — gekoppelt mit Gaschromatographen oder Massenspektrometern — werden auch in der Routineanalyse sehr hohen Ansprüchen gerecht. Es scheint bemerkenswert, daß die Verbrennungsverfahren nur geringfügig abgewandelt werden mußten um auch ungewöhnliche — z. B. metallorganische Substanzen — analysieren zu können.

Mit diesen Bemerkungen sollte eine Brücke geschlagen werden zur Analyse organischer Verbindungen.

Für den Nachweis und die Bestimmung organischer Einzelindividuen spielen chemische Methoden eine untergeordnete Rolle. In den letzten Jahren sind aber z. B. in der Sowjetunion und in der ČSSR Monographien erschienen, die die volumetrische oder photometrische Bestimmung organischer Verbindungen zum Inhalt haben. Derartige Methoden haben wohl in erster Linie Bedeutung für die Qualitätskontrolle.

Die Methoden der Wahl für die qualitative und quantitative Analyse organischer Stoffe sind jedoch die, die auch für die Strukturanalyse angewandt werden.

Es zeigt sich jedoch, daß auch diese spektrometrischen Methoden aber häufig nicht in der Lage sind, in Gemischen die Einzelkomponenten zu erfassen. In solchen Fällen muß man sich mit der sog. Strukturgruppenanalyse begnügen.

Eine Verbesserung der Information über Mehr- und Vielkomponentensysteme ist gewöhnlich nur im Zusammenhang mit dem Einsatz von Trennverfahren möglich. An der Spitze stehen hier die Methoden der Chromatographie. Es ist allgemein bekannt, welche große Hilfe die Einführung der Papier- und später der Dünnschichtchromatographie für die Chemie der Naturstoffe darstellte. Auch die Gelpermeationschromatographie und der Einsatz von Harzaustauschern haben viel zu den Erfolgen der organischen und Biochemie beigetragen.

Die Säulenchromatographie war in den letzten Jahren in ihrer Bedeutung — wohl wegen des relativ großen Substanzbedarfs — ziemlich zurückgegangen. Jetzt erlebt sie eine Renaissance in Form der Hochdruck-Flüssigkeitschromatographie.

Es ist kaum nötig auf die Bedeutung der Gaschromatographie noch besonders hinzuweisen. Sie ist eine apparativ sehr gut entwickelte Trennmethode, die bekanntlich in großem Umfang in der Praxis eingesetzt wird.

Es kann als sicher angesehen werden, daß sich der Einsatz der Chromatographie auch in Zukunft noch weiter ausdehnen wird. Trotz vieler Bemühungen scheint aber die theoretische Fundierung in einigen Bereichen der Chromatographie, z. B. bei der Papier- und der Dünnschichtchromatographie, hinter der praktischen Anwendung zu liegen.

Es ist allgemein bekannt, daß es sich hier meist um recht komplizierte Trennmechanismen handelt, die ohne Zweifel nur schwer theoretisch zu fassen sind. Es läßt sich aber vorhersehen, daß eine bessere theoretische Durchdringung dieser Trennverfahren zu einer noch größeren Wirksamkeit führen wird.

Bei den Trennmethoden muß natürlich die Extraktion unbedingt mit genannt werden. Die allgemein bekannte Breite des Einsatzes für Extraktionsverfahren — besonders in der anorganischen Analyse — basiert auf der Vielfalt der extrahierbaren Spezies und der großen Zahl der möglichen Extraktionsmittel. Auch hier gilt, daß trotz vieler Arbeiten auf diesem Gebiet und einer schon sehr breiten Anwendung die Grundlagen bei weitem noch nicht so umfassend geklärt sind, daß man aus theoretischen Erwägungen heraus für eine gegebene Aufgabe das günstigste Extraktionssystem aussuchen und dabei alle möglicherweise auftretenden Nebeneffekte, wie z. B. das Verhalten der im Probematerial noch vorhandenen Bestandteile, sicher erklären kann. Auch über Wirkung und Wirksamkeit von Zusätzen zum Extraktionsmittel ist noch relativ wenig bekannt.

Da es das Ziel der Diskussion ist, nach Wegen zu suchen, wie die Analytik in Zukunft den an sie gestellten Anforderungen noch besser gerecht werden kann, sollen für das hier behandelte Gebiet der Element- und Stoffanalytik einige Aufgabenstellungen formuliert werden:

1. Die Analytiker müssen sich einigen, welche Maßzahlen zur Charakterisierung eines Nachweis- und eines Bestimmungsverfahrens erforderlich sind.

2. Um die Übersichtlichkeit auf dem Gebiet der Elementanalyse bewahren zu können, ist es häufig erforderlich, das Bekannte zu optimieren und weniger nach neuen Bestimmungsmethoden zu suchen. Der Rationalisierung sollte man im Bereich der Element- und Stoffanalytik besondere Beachtung schenken.

3. Als Ergebnis der in 2. geforderten Rationalisierung sollten z. B. auf dem Gebiet der Spektralphotometrie ein rationelles Reagenziensortiment und auf dem Gebiet der Schichtchromatographie ein optimales Sortiment an Fließmitteln resultieren.

4. Im Zusammenhang mit der ständig wachsenden Zahl an durchzuführenden Analysen sollte man bei den chemischen Verfahren der Mechanisierung und der Automatisierung große Beachtung schenken und damit den Anschluß an die Datenverarbeitung gewährleisten.

5. Es widerspricht keineswegs den vorangegangenen Thesen, wenn zu fordern ist, nach neuen, besseren Möglichkeiten zur Analyse von Stoffen und Stoffgemischen zu suchen. Aber diese Arbeiten sollten nur dann durchgeführt werden, wenn das zu erwartende Ergebnis wirklich einen echten Fortschritt darstellt.

Gerhard Etzold

Verfahren zur Stoffanalyse auf biochemischer Grundlage

Wie in allen anderen naturwissenschaftlichen Disziplinen, in denen die Analyse insbesondere organischer Stoffe eine große Rolle spielt, sind auch in der biowissenschaftlichen Forschung die Papier-, Dünnschicht- und Säulenchromatographie auf Verteilungs-, Adsorptions- oder Ionenaustausch-Basis längst zu unentbehrlichen Hilfsmitteln geworden. Ohne Gelchromatographie in ihren verschiedenen Varianten ist eine Biopolymerenforschung heute undenkbar. Parallel zu den chromatographischen Methoden haben die elektrophoretischen Verfahren durch die Anwendung neuer Träger auf Gelbasis und neuer Techniken, wie der Immunoelektrophorese und der isoelektrischen Fokussierung, eine hohe Bedeutung für die Analyse von Molekülen und Zellpartikeln erlangt. Eine Variante ist die Bestimmung der Anzahl und Volumenverteilung von Partikeln durch hydrodynamische Fokussierung.

Gelchromatographie und Gelelektrophorese ermöglichen nach Eichung eine schnelle Molmassenbestimmung und konkurrieren in dieser Hinsicht zunehmend mit der gerätetechnisch sehr aufwendigen analytischen Ultrazentrifugation.

Während diese Trennmethoden jedoch vorrangig auf den unterschiedlichen physikalischen Eigenschaften der biologischen Objekte, wie Molekülgröße und -form, Ladung oder Dichte, beruhen, findet seit einigen Jahren ein Trennverfahren, das auf biologischen Wirkprinzipien basiert, immer mehr Verbreitung. Es handelt sich um die Affinitätschromatographie.

Die Affinitätschromatographie, die sich durch eine unübertroffene Selektivität auszeichnet, beruht in ihrer üblichen Form auf spezifischen Wechselwirkungen des aktiven Zentrums von Enzymen mit einem entsprechenden Substrat oder seinem Analogon nach dem Emil Fischerschen Schlüssel-Schloß-Prinzip. Je nach der Aufgabenstellung kann dabei das Enzym im chromatographischen Trägermaterial fest verankert sein und das Substanzgemisch, in dem der abzutrennende Ligand enthalten ist, vorbeifließen, oder es wird mit Hilfe eines fixierten Effektors ein Enzymgemisch fraktioniert. In einer neueren Variante werden auch spezifische hydrophobe Wechselwirkungen ausgenutzt.

Biochemische Wirkprinzipien haben jedoch nicht nur die Trennmöglichkeiten verbessert, sondern halten ihren Einzug auch auf dem Gebiet der Nachweistechnik. Die Literatur über Enzyme als analytische „Reagenzien“ in der Nahrungsmittel- und Arzneimittelkontrolle sowie in der klinischen Chemie nimmt exponentiell zu.

Besonders intensiv und mit beachtlichem Erfolg wird an der Entwicklung von sogenannten Enzymelektroden gearbeitet, bei denen ein immobilisiertes oder eingeschlossenes Enzym mit einer ionenselektiven Elektrode kombiniert ist. Diese Elektrode erfaßt in einem Stoffgemisch nur diejenige Komponente, die von dem jeweiligen fixierten Enzym zu einem elektrochemisch meßbaren Produkt umgesetzt wird. Auf diesem Gebiet gilt es vor allem, die Permeabilität der Membran, die das Enzym einschließt, besser anzupassen und die Enzymaktivität über größere Zeiträume zu erhalten.

Damit seien nur zwei Beispiele für das Eindringen biologischer Wirkprinzipien in das traditionelle analytische Instrumentarium vorgestellt. Wegen der hohen Spezifität derartiger Methoden wird der Analytiker dieser Entwicklung in Zukunft besondere Aufmerksamkeit schenken müssen.

R. Klaus Müller

Zur Problematik der toxikologischen Analyse

Im Zusammenhang mit dem Thema Element- und Stoffanalyse scheinen auch einige Bemerkungen über die toxikologische Analyse angebracht, die sich mit dem Nachweis von Giften und Vergiftungen befaßt. Wenn dabei Besonderheiten der toxikologischen Analytik hervorgehoben werden sollen, dann geschieht das nicht mit dem Ziel der Abgrenzung gegenüber anderen Richtungen der analytischen Chemie, sondern um weitere Beispiele für die Spannweite der analytischen Problematik aufzuzeigen.

Die analytische Erfassung von Fremdstoffspuren in inkonstanten Vielstoffsystemen, ebenso die vorwiegende Untersuchung biologischen Materials sind natürlich nicht auf die toxikologische Analytik beschränkt, und deren Methodik entspricht weitgehend der anderer analytischer Disziplinen.

Eine der ersten mikroanalytischen Methoden überhaupt, die Marshsche Arsenprobe, wurde in den 30er Jahren des 19. Jahrhunderts tatsächlich unmittelbar für eine toxikologische Fragestellung entwickelt. Da damals über 90% der Intoxikationen auf Arsenik zurückgingen, konnte mit dieser einen Methode der überwiegende Teil der toxikologisch-analytischen Aufgaben gelöst werden.

Heute hat sich die toxikologische Situation geändert; Intoxikationen werden durch eine Vielzahl verschiedenartiger chemischer Noxen verursacht. Mit der Entwicklung einzelner Methoden für den Nachweis oder die Bestimmung von Giften ist kein grundlegender Fortschritt der toxikologischen Analytik mehr zu erzielen. Wir sehen uns heute als Folge der zunehmenden Chemisierung aller Lebensbereiche einer immensen, kaum mehr übersehbaren Zahl potentieller chemischer Noxen gegenüber.

Meist liegen komplexe Expositionen vor, und der Zusammenhang zwischen einer vermutlich toxischen Schädigung und dem verursachenden Agens ist dann schwierig nachzuweisen.

Die zunehmende Komplexität (das gleichzeitige Auftreten mehrerer Noxen) und Differenziertheit (die Steigerung der Zahl unterschiedlicher Gifte als Ursache toxischer Effekte) betrifft noch stärker als die chronischen die akuten Intoxikationen und hier vor allem die mit schwerflüchtigen organischen Giften. Diese entstammen nahezu allen Verbindungsklassen der organischen Chemie, und ihr Kreis ist kaum übersehbar oder exakt abzugrenzen. Durch Biotransformationsvorgänge wird die

Zahl der relevanten Stoffe weiter vergrößert. Ein Teil derselben ist nicht einmal hinreichend toxikologisch-analytisch charakterisiert.

Das Problem des Nachweises akuter Intoxikationen mit organischen Stoffen (das ja eigentlich nur im Spurennachweis meist definierter Verbindungen in Vielstoffsystemen besteht) rückt daher zuweilen in die Nähe der Konstitutionsaufklärung.

Da das Schicksal eines Patienten oft unmittelbar von der raschen Klärung der Vergiftungsursache abhängt, hat der Nachweis akuter Intoxikationen unter hohem Zeitdruck zu erfolgen. Deshalb entsteht eine Diskrepanz insofern, als nicht immer die prinzipiell möglichen (oder denkbaren) analytischen Methoden auch tatsächlich anwendbar sind. (Beispielsweise ist in der toxikologischen Analytik die für klinisch-chemische Analysen bedeutungsvolle Automatisierung kaum einsetzbar, da als erster Schritt meist eine ungerichtete qualitative Untersuchung durchzuführen ist und die Seriengrößen bei der Untersuchung biologischer Proben im Zusammenhang mit akuten Vergiftungen in der Regel zu klein sind.)

In der toxikologischen Analytik erhält die qualitative Analyse das Primat gegenüber der quantitativen sowohl hinsichtlich der prinzipiellen Schwierigkeiten als auch hinsichtlich der Tragweite der Aussage. Der positive Nachweis eines Giftes bei Vergiftungsverdacht bedarf im Hinblick auf die Konsequenzeen einer hohen Sicherheit. Damit wird die parallele Anwendung mehrerer Analysenverfahren in der toxikologischen Analytik selbstverständlich.

Entscheidende Bedeutung erhält neben der Methodik die Konzeption der Analyse (Anlage, vollständige Ermittlung der analytischen Charakteristika aller relevanten Stoffe mit adäquater Speicherung der Daten). Dem hohen positiven Aussagewert eines toxikologischen Analysenbefundes steht die Tatsache gegenüber, daß im Hinblick auf die Zahl der potentiellen Gifte im konkreten Fall eine Vergiftung kaum mehr absolut auszuschließen ist.

Eine weitere Besonderheit der toxikologischen Analytik ist die Unsicherheit bei der Interpretation. In anderen Bereichen der Analytik ist das analytische Problem meist mit dem Vorliegen eines ausreichend sicheren qualitativen oder quantitativen Resultats gelöst. Wie Prof. Becker betonte, kann hierbei oft genauer gerechnet als gemessen werden. In der Toxikologie ist jedoch die Interpretation analytischer Resultate oft der problematischste Schritt, da die Schwankungsbreite biologischer Vorgänge — und so auch der Konzentrations/ bzw. Dosis/Wirkungsbeziehungen — im allgemeinen weit größer ist als die Fehlerbreite analytischer Verfahren. Wir können also oft genauer messen als interpretieren. Daher ist die Präzisionssteigerung quantitativer Verfahren gegenüber der Erhöhung der Sicherheit qualitativer Verfahren weniger bedeutsam. Hierfür sei ein triviales Beispiel angeführt. Bei einer CO-Intoxikation kann der Tod eintreten, wenn etwa 60% des Gesamthämoglobins in CO-Hämoglobin umgewandelt sind.

In manchen Fällen werden aber Werte von weit über 80% gemessen. Da das CO nur durch aktive Ventilation in diesem Ausmaß in das Blut gelangen kann, müssen die betreffenden Opfer die normalerweise letalen 60% COHb noch beträchtlich überlebt haben. In einem konkreten Fall sind daher stets alle relevanten Umstände zu berücksichtigen und kritisch zu würdigen; bei nichteindeutigen Befunden muß über die Fehlerbreite der Analyse selbst hinaus auch die Unsicherheit der Interpretation zum Ausdruck kommen. Dabei wird die Grenze der analytischen Chemie zur Medizin — bzw. allgemein zu den Biowissenschaften — überschritten.

Das spannt den Bogen zu den Problemen der Ausbildung. Wie in der Diskussion bereits festgestellt wurde, ist die Analytik ein viel zu breites Gebiet, um im normalen Studiengang universelle Analytiker ausbilden zu können. Erst recht ist es natürlich nicht möglich, künftige Analytiker im Grund- und Fachstudium auf die Tätigkeit in Spezialgebieten wie etwa der toxikologischen Analytik vorzubereiten. Im Chemiestudium werden aber überhaupt kaum toxikologische Kenntnisse vermittelt, obwohl diese nicht nur für spätere Analytiker relevant sind. Die Toxikologie kann selbstverständlich ihre Aufgabe nicht darin sehen, die zuweilen von Journalisten betriebene Panikmacherei gegenüber der Synthesechemie und der Chemisierung zu unterstützen.

Kenntnisse über toxische Gefahren müssen jedoch vor allem auch bei den Produzenten potentieller chemischer Noxen vorhanden sein. Das sollte bei der künftigen Gestaltung von Studienplänen unbedingt berücksichtigt werden, wenn wir den Anforderungen der Situation besser gerecht werden wollen.

Günther Ehrlich

Zur Verteilungsanalyse in Festkörpern

Während in den 50er bis in die späten 60er Jahre hinein auf dem Gebiet der Festkörperanalytik die Forschungsarbeit hauptsächlich der Charakterisierung von Stoffen wachsender Reinheit, also der Erfassung immer geringerer Verunreinigungskonzentrationen galt (Reinststoffanalyse), verlagert sich seit etwa 10 Jahren der Schwerpunkt der Weiterentwicklung auf die Ermittlung der räumlichen Verteilung aller oder einzelner Komponenten im Festkörper (Verteilungsanalyse). Parallel dazu wächst auch das Interesse an der exakten stöchiometrischen Zusammensetzung von anorganischen Verbindungen im festen Zustand (Stöchiometriebestimmung).

Die Ursachen für diese veränderte Aufgabenstellung liegen in der Entwicklung, die Festkörperphysik und -chemie sowie entsprechende technische Anwendungszweige (z. B. Mikroelektronik, Supraleitertechnik, Erforschung von Korrosions- und Versprödungsvorgängen an Metallen) in der Zwischenzeit genommen haben.

Bei der Verteilungsanalyse wird die Konzentration ausgewählter Bestandteile des Festkörpers in Abhängigkeit von den Ortskoordinaten der analysierten Probenstelle ermittelt. Diese Koordinaten können sich stetig ändern oder diskrete Werte annehmen, d. h. nicht nur die Ermittlung von Konzentrationsprofilen, sondern auch die Analyse ausgewählter Probenbezirke (z. B. Oberflächen-, Dünnschicht- oder Lokalanalysen) gehört zur Verteilungsanalyse.

Eine wesentliche Kenngröße verteilungsanalytischer Verfahren ist demzufolge das räumliche Auflösungsvermögen, wobei man zwischen lateraler und Tiefenauflösung unterscheidet. Mit zunehmender räumlicher Auflösung muß auch das absolute Nachweisvermögen wachsen, da die Proben„einwaage“ kleiner wird.

Die Besonderheiten der Verteilungsanalyse führen sowohl hinsichtlich der Auswertung der Meßergebnisse als auch hinsichtlich der Bewertung von Resultaten und Verfahren zu einer Reihe neuer theoretischer und praktischer Fragestellungen, auf die hier nicht eingegangen werden kann.

Abgesehen davon, daß man Festkörper im Prinzip auch mit Hilfe chemischer Ablösetechniken schichtweise analysieren kann, ist die Verteilungsanalyse eine Domäne apparativ meist sehr aufwendiger physikalischer Analysenmethoden. Sie beruhen auf der Wechselwirkung der Festkörperoberfläche mit eingestrahlter Energie. Je besser sich die signalerzeugende Primärstrahlung fokussieren läßt, desto besser ist die laterale Auflösung. Das Tiefenauflösungsvermögen wächst mit abnehmender Reichweite der Primärstrahlung bzw. der durch die unterschiedlichen physikalischen Wechselwirkungsprozesse ausgelösten signaltragenden „Antwortstrahlung" im Festkörper.

Systematisiert man die Vielzahl der Methoden zur Verteilungsanalyse nach der Art der verwendeten Primärstrahlung, so erhält man, wenn man nur die wichtigsten bereits eingeführten Analysenmethoden und nicht die in Einzelfällen erprobten bzw. prinzipiell denkbaren Wirkprinzipien berücksichtigt, folgende Übersicht:

Anregung durch Photonen:

Lasermikrospektralanalyse
Sowohl das vom Laserdampf emittierte oder absorbierte Licht kann als Analysensignal dienen (Laser-OES bzw. Laser-AAS) als auch die unter Laserstrahleinwirkung im Festkörper erzeugten Ionen (Laser-MS).
Photoelektronenspektroskopie
(ESCA).

Anregung durch Elektronen:

Auger-Elektronenspektroskopie
(Photonenanregung von Auger-Elektronenspektren spielt für die Elementanalyse keine Rolle).
Elektronenstrahl-Mikroanalyse
(ESMA).

Anregung durch Ionen:

Sekundärionen-Massenspektrometrie
(SIMS) bzw. bei gleichzeitiger lateraler Auflösung
Sekundärionen-Mikroanalyse
(SIMA)
Streuung niederenergetischer Ionen bzw.
Rutherford-Rückstreuverfahren
Spektroskopie *charakteristischer Röntgenstrahlung*
Nuklear-Mikroanalyse (Spektroskopie der bei Kernreaktion entstehenden prompten Strahlungen).

Jede dieser Methoden hat ihre spezifischen Vorzüge und Grenzen. Keine kann als universelles Verfahren der Verteilungsanalyse angesprochen werden, sondern die umfassende Bearbeitung eines verteilungsanalytischen Problems erfordert meist den ergänzenden Einsatz mehrerer Methoden.

Wegen des erheblichen apparativen und personellen Aufwandes, den diese Methoden erfordern, können sie nur an wenigen Stellen und nicht einmal alle in jedem Land betrieben werden. Die Verteilungsanalyse ist damit auch ein eindringliches Beispiel für die Notwendigkeit zunehmender nationaler und internationaler wissenschaftlicher Kooperation.

Hartwig Koch

Zur Anwendung nuklearer Methoden in der Analytik

Die Entwicklung der Analytik wird vorwiegend durch die Weiterentwicklung des Wissensgebietes als solches und die Erfordernisse aus der Praxis stimuliert. So geht in der Tat auf dem Gebiet der Spurenanalytik und Reinststoffanalytik die Tendenz nach immer höherer Genauigkeit, höherer Nachweisempfindlichkeit und größerer Schnelligkeit bei der Durchführung solcher Analysen hin. Bei der Bestimmung von Hauptkomponenten soll der relative Fehler weniger als 0,01 bis 0,001% betragen.

Im Zuge der Empfindlichkeitserhöhung, insbesondere bei der Untersuchung von Reinststoffen, Halbleiterelementen usw. will man noch 10^{-15} bis 10^{-16} g absolut erfassen bzw. in Konzentrationsbereichen von 10^{-11} bis 10^{-12}% noch sichere Analysenergebnisse gewinnen. Dabei sollen gleichzeitig Selektivität und die Schnelligkeit der Analysen erhöht werden.

In diesem Zusammenhang gewinnen die nuklearen Analysenmethoden zunehmend an Bedeutung. Das hat seine Gründe u. a. darin, daß die radioaktiven Elemente mit sehr hoher Nachweisempfindlichkeit relativ einfach erfaßt werden können, daß Vorgänge die mit anderen Methoden nicht oder nur schwer erfaßbar sind, mittels Radionukliden studiert werden können und daß der Zeit- und Materialaufwand häufig sehr viel geringer als bei herkömmlichen Verfahren ist.

In der Tab. 1 sind die Nachweisempfindlichkeiten einer Reihe von Analysenverfahren dargestellt. Man erkennt unschwer, bei aller Problematik, die solchen Gegenüberstellungen eigen ist, daß die nuklearen Analysenverfahren den herkömmlichen Verfahren in bezug auf die Nachweisempfindlichkeit überlegen sind. Mittels der Radioaktivitätsmessungen hat man in vielen Fällen die theoretisch überhaupt erreichbare Grenze, nämlich den Nachweis einzelner Atome (im Moment des Zerfalls), erreicht. Demzufolge liegt die Entwicklung bei den nuklearen Analysenverfahren weniger auf der Steigerung der Nachweisempfindlichkeit als vielmehr auf der Erhöhung der Genauigkeit, der Erzielung von höheren Auflösungsvermögen, Verwendung spezieller neuartiger Detektionsverfahren usw.

Trotz der zunehmend großen Bedeutung für die Analytik haben die nuklearen Analysenmethoden in der DDR nicht die notwendige Verbreitung gefunden. Das liegt zum Teil daran, daß die Gesamtentwicklung sich in wenigen Kern- oder Isotopenforschungsinstituten vollzieht, alle übrigen Forschungsinstitutionen sowie auch die Industrie nutzen und entwickeln solche radiochemischen Methoden de facto nicht. Das führt in der Praxis dazu, daß die Vielzahl der Aufgabenstellungen von den Isotopeninstitutionen nicht bewältigt werden können und daß dort entwickelte Isotopenmethoden nicht oder nur sehr schwierig in die industrielle Praxis zu überführen sind.

Tabelle 1 Vergleich der Nachweisgrenzen einiger wichtiger Analyseverfahren

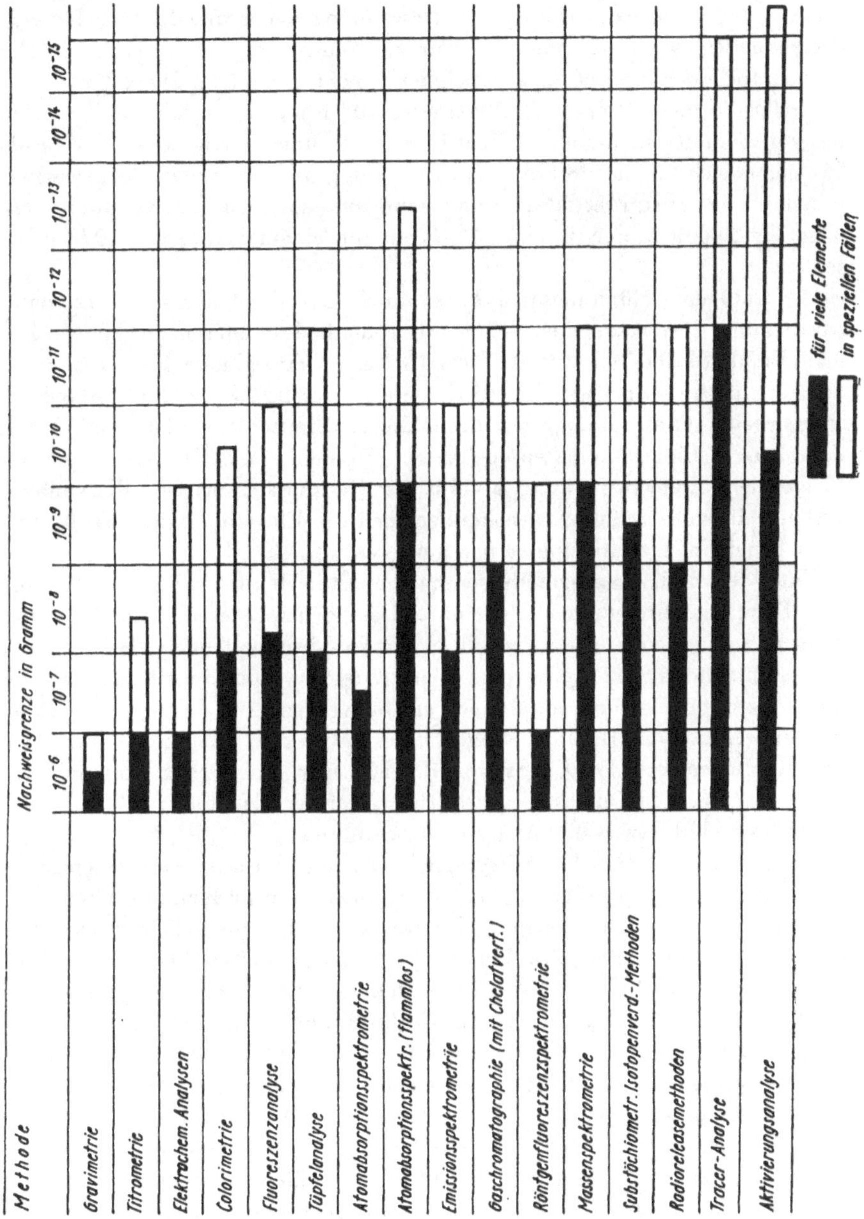

Lassen Sie mich kurz einige Gesichtspunkte zur Entwicklung der nuklearen Analysenverfahren darstellen.

Zunächst zu den klassischen Methoden, wie Aktivierungsanalyse, Isotopenverdünnungsanalyse und Radioreagenzmethoden. Die Aktivierungsanalyse ist insbesondere durch die Entwicklung und Anwendung neuer und leistungsfähiger Neutronenquellen gekennzeichnet. So wurden Neutronengeneratoren (14 MeV) und Transuranelemente wie Cf-252 zunehmend mehr eingesetzt. Diese Neutronenquellen liefern immerhin einen Fluß von etwa 10^{10} n/mg · s, so daß man in vielen Fällen von dem Kernreaktor als Neutronenquelle unabhängig wird. Gerade das Cf-252 eignet sich für die Prozeßanalyse, Regelung und Steuerung. Andererseits ist es mittels Reaktorneutronenaktivierung gelungen, noch 10^{-17} g Aktinium, das sind ungefähr 25 000 Atome, in einer 1 g-Probe mit einem Fehler von 10% nachzuweisen.

Die Isotopenverdünnungsanalyse ist durch Einführen der substöchiometrischen Abscheidung soweit zu einer echten Mikromethode weiterentwickelt worden, daß man Empfindlichkeiten von 10^{-7} bis 10^{-9} g, in Einzelfällen bis zu 10^{-11} g, einer Substanz nachweisen kann. Es existieren gegenwärtig für etwa 50 Spurenelemente ausgearbeitete Bestimmungsverfahren, die z. T. automatisierbar sind. Heute hat man bereits Einzelautomaten, bei denen Probennahme, Dosierung, Zugabe der Reagenzien, Elementtrennung bis hin zur Rechnerauswertung, alles automatisch verläuft. In solchen Automaten können mehrere Elemente, wie z. B. Hg, Be, Cd, Pb nebeneinander routinemäßig nachgewiesen werden.

Unter den Radioreagenzmethoden haben sich in den letzten Jahren Radiorelease und Displacementmethoden eingeführt. Das Prinzip dieser Methoden ist relativ einfach. So können beispielsweise in einem Kr-85 enthaltenden Clathrat durch den zu bestimmenden Stoff äquivalente Mengen des Kryptons ausgetrieben werden und durch Aktivitätsmessung empfindlich erfaßt werden. Auf diese Weise hat man in der Umweltanalytik Radioreleasemethoden entwickelt, mit deren Hilfe man z. B. CO, Kohlenwasserstoffe, Cl, Stickoxyde, SO_2 usw. im Bereich von ppb bis ppm erfassen kann. Die Durchführung solcher Analysen dauert etwa 20 s. Mit 10 µCi Kr-85 lassen sich etwa 5000 Analysen durchführen.

Es ist ein altes Ziel der Analytiker, nicht nur stoffliche Zusammensetzung im statischen System zu erfassen, sondern vielmehr die flächenhafte bzw. räumliche Verteilung zu ermitteln und möglichst Aussagen zur Dynamik bzw. zur Migration solcher Stoffe zu treffen. Zur Erfassung der flächenhaften Verteilung eignen sich speziell die autoradiographischen Methoden, auf die ich hier nicht näher eingehen möchte. Hier sollen einige neuere Entwicklungen kurz erwähnt werden.

Will man die laterale Substanzverteilung von solchen Elementen, die für die autoradiographische Detektion kein geeignetes Radioisotop aufweisen, so kann man spezielle Kernreaktionen im Neutronenfeld wie ^{10}B (n, α) ^{7}Li (Reaktor oder Isotopenneutronenquelle) nutzen. Von uns wurden beispielsweise die laterale Borverteilung und die Aufnahme von Bordiffusionsprofilen in unterschiedlicher Matrix (z. B. Si, Glas, Stahl usw.) durchgeführt. Gibt man den Analysenproben einen sog.

Festkörperspurdetektor bei, das sind im allgemeinen Cellulosenitrat- oder Celluloseacetat-Folien, so erzeugen die emittierten Alpha-Strahlen Spuren in der Folie (β-, γ-Strahlen und Neutronen verursachen keine Spuren), die dann entwickelt und sichtbar gemacht werden können. Auf diese Weise können noch etwa 10^{14} Atome Bor/cm^3 Halbleitermaterial erfaßt werden. Die Abb. 1 zeigt die Borverteilung nach einer Bordiffusion in einem Si-Schaltkreis-Element.

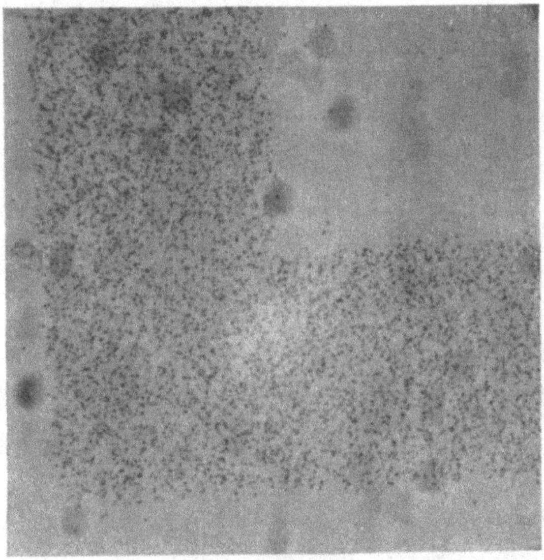

Abb. 1 Bestimmung der Verteilung von Bor in Si mittels Festkörperspurdetektor
Der rechte Winkel kennzeichnet einen bordiffundierten Bereich in einem Si-Schaltkreis, Festkörperspurdetektormaterial T-Cellit (Cellulosetriacetat) des VEB Filmfabrik Wolfen (Vergrößerung 150fach)

In letzter Zeit haben wir uns mit der Stickstoffverteilung in unterschiedlichstem Material beschäftigt. Man nutzt dabei die Basisreaktion ^{14}N (n, p) ^{14}C aus. Ähnlich wie bei der Borbestimmung erzeugen hier die entstehenden Protonen von 585 keV Spuren in dem Festkörperspurdetektor, die entwickelt und sichtbar gemacht werden. Die Abb. 2 zeigt eine Aufnahme der Stickstoffverteilung in einem Brennesselblatt. Diese Methode eignet sich zur Stickstoffdiffusionsprofilbestimmung in Stahl, der Stickstoffverteilung in biologischem Material, der Bestimmung des ^{14}N/^{15}N-Verhältnisses usw. Da die Detektoren nur auf die genannten geladenen Teilchen ansprechen, sind solche Untersuchungen in hohem Beta- oder Gamma-Strahlenfeld möglich.

Abschließend möchte ich noch eine unserer Neuentwicklungen, nämlich den biologischen Detektor, vorstellen.

Ausgehend von den strahlenbiologischen Erkenntnissen, daß man mittels ionisierender Strahlung das Leben der Zellen in kontrollierter Weise beeinflussen kann, wurden Versuche unternommen, diese bakteriziden Effekte von radioaktiven Nukliden für die Entwicklung biologischer Detektormaterialien auszunutzen. Dabei wird u. a. auch das Ziel verfolgt, die bereits üblichen Detektormaterialien, wie Silberhalogenidemulsion und Plastefolien, zu ergänzen bzw. neue silberfreie Abbildungsmöglichkeiten zu erschließen.

Abb. 2 Darstellung des ^{14}N-Gehaltes eines Brennesselblattes durch Protonenabbildung in einem Festkörperspurdetektor

Abb. 3 Intensitätsverteilung von Alpha-Strahlung hinter einem spiralförmigen Absorber mittels eines „biologischen Detektors" (Vergrößerung 10fach)

Das Verfahren beruht darauf, daß bestimmte Mikroorganismen in Gelatine-Folien fixiert und bestrahlt werden. Hochionisierende Strahlen, wie z. B. Alpha-Strahlen, zerstören das Gefüge der Mikroorganismen, so daß bei einer nachfolgenden biologischen Brütung nur die Bereiche sich entwickeln, die nicht bestrahlt wurden. Damit läßt sich eine flächenhafte Abbildung gewinnen. Die Abb. 3 zeigt einen solchen biologischen Detektor, wo mittels einer Spirale (Armbanduhrspirale) bestimmte Bereiche abgedeckt wurden, die sich dann in der Entwicklung eindeutig darstellen. Die hellen Bereiche sind die nichtbestrahlten Bereiche. Dieses Verfahren steht erst am Anfang seiner Entwicklung und das örtliche Auflösungsvermögen liegt etwa bei 1/10 mm.

Wir sind der Überzeugung, daß die Empfindlichkeit dieses Verfahrens noch wesentlich gesteigert werden kann und hinsichtlich des Auflösungsvermögens durchaus mit der Autoradiographie vergleichbar ist.

Meine Damen und Herren, ich habe versucht, einige Probleme zur Anwendung von nuklearen Analysenverfahren in der Spurenanalytik darzustellen.

Weiterhin habe ich ein paar Möglichkeiten der Entwicklung neuer Detektionsverfahren umrissen und einige Perspektiven aufgezeichnet.

Insgesamt gesehen muß aber sehr kritisch festgestellt werden, die nuklearen Analysenverfahren werden in der DDR nur von wenigen Forschungsinstituten oder Arbeitsstellen angewandt und weiterentwickelt. Diese Arbeitsstellen tragen praktisch die gesamte Verantwortung für die Grundlagenforschung, die methodischen Entwicklungen, die Ausarbeitung von Routineverfahren sowie die gesamte Applikation in der Forschung und vor allem in der Industrie. Es muß mit aller Deutlichkeit darauf hingewiesen werden, daß diese geringen Kapazitäten nicht in der Lage sind, die notwendige Grundlagenforschung, Entwicklung und Applikation durchzuführen.

Ich appelliere daher auch an dieser Stelle nochmals besonders an die chemische Industrie, die notwendigen Voraussetzungen und Einrichtungen zu schaffen, damit die nuklearen Analysenverfahren den Platz in allen Bereichen der Volkswirtschaft einnehmen können, der ihnen gebührt.

Nikolaj Jordanov

Diskussionsbeitrag

Die Sektion „Analytische Chemie“ am Institut für allgemeine und anorganische Chemie der Bulgarischen Akademie der Wissenschaften befaßt sich mit Problemen der analytischen Chemie anorganischer Substanzen. Die Sektion besteht aus mehreren Arbeitsgruppen, die auf den Gebieten Emissionsspektralanalyse, Atomabsorptionsspektroskopie, photometrischen Analysenverfahren, Synthese organischer Reagenzien für die Analyse, elektrochemischen Analysenverfahren und Flüssig-flüssig-Extraktion Untersuchungen durchführen. Bezüglich der Analysenobjekte ist die Thematik der Sektion bevorzugt auf die Bestimmung von seltenen Elementen und von Elementspuren in hochreinen Substanzen gerichtet.

Auf dem Gebiet der Emissionsspektralanalyse wird eine Optimierung der einzelnen Schritte vorgenommen, wobei eine Erhöhung des Signal/Rausch-Verhältnisses, und damit des Nachweisvermögens erzielt wird. Zu diesem Zweck wird der Einfluß verschiedener Salzdotierungen, der Einfluß des Gasmediums, in dem die Anregung erfolgt, der Einfluß eines von außen angelegten homogenen und inhomogenen magnetischen Feldes u. a. untersucht. Untersuchungen zur Erforschung der chemischen Prozesse, die an der Elektrode und im Elektrodenzwischenraum ablaufen, sowie zur Anwendung neuer Anregungsquellen sind für die Zukunft beabsichtigt.

Auf dem Gebiet der Atomabsorptionsspektralanalyse werden Elementspuren in reinen Substanzen bestimmt, indem vorher eine Anreicherung durch Extraktion durchgeführt wird. Es wird untersucht, wie das organische Lösungsmittel oder der Verdünner, das organische Reagenz und die Salzzusammensetzung die Atomabsorption beeinflussen. Wir beabsichtigen, in Zukunft unser Interesse auf die flammenlosen Verfahren der Atomabsorption zu lenken, womit die Bestimmung von Elementen mit großer Affinität zum Sauerstoff erreicht wird, da diese zur Zeit noch immer schwierig zu bestimmen sind.

Auf dem Gebiet der photometrischen Analysenverfahren und der Anwendbarkeit von organischen Reagenzien in der analytischen Chemie werden neue Möglichkeiten gesucht oder bekannte Verfahren verbessert und an entsprechende Objekte adaptiert. Das Endziel der Untersuchungen ist es, die Empfindlichkeit, die Reproduzierbarkeit und die Rationalisierung der Verfahren zu verbessern. Zu diesem Zweck werden die Prozesse der Komplexbildung eingehend untersucht, die Stabilitätskonstanten und Komplexzusammensetzung festgestellt, die Protonengleichgewichte bestimmt und die Analysenbedingungen berechnet, bei denen eine bestimmte Mikrokomponente in der Anwesenheit von einer oder mehreren Matrixkomponenten zu bestimmen ist. Wir sind der Meinung, daß es durch Anwendung neuer chemischer, physikalisch-chemischer und physikalischer Verfahren bei der Untersuchung chemischer Reaktionen möglich ist, den Reaktionsmechanismus vollständiger zu enthüllen, woraus sich wiederum neue, bessere Möglichkeiten für die Stoffbestimmung ergeben.

Die Atomabsorptionsspektrometrie hat eine kleine Revolution auf dem Gebiet der chemischen Analyse verursacht, indem sie eine Reihe von den bis jetzt breit angewendeten photometrischen Verfahren verdrängte. Doch bei der Bestimmung vieler Elemente, wie Uran, Thorium, Zirkonium, Hafnium, Niob, Tantal, Rhenium und anderer, hat das Atomabsorptionsverfahren ein niedriges Nachweisvermögen gezeigt. Gerade für solche Elemente haben die photometrischen Verfahren ihre Bedeutung nicht verloren, so daß es zweckmäßig ist, sie weiter zu entwickeln und zu vervollkommnen.

Oft wird festgestellt, daß mit Reagenzien verschiedener Firmen unterschiedliche Ergebnisse erhalten werden. Dies ist auf die Verunreinigungen durch die Ausgangssubstanzen, auf die Anwesenheit von Zwischenprodukten oder auf das Vorhandensein des Reagenzes in verschiedenen aktiven Isomeren zurückzuführen. Dabei besteht die Gefahr, daß bei Untersuchung der Komplexbildungsprozesse falsche Ergebnisse erhalten werden. Auf diese Tatsache ist man schon aufmerksam geworden, und in mehreren Ländern werden bereits Reagenzien mit garantierter Reinheit synthetisiert. Meiner Meinung nach ist das ein neues Stadium in der Anwendung organischer Reagenzien für analytische Zwecke. Dies sollte auf alle Reagenzien, die in dem von der Sowjetunion vorgeschlagenen rationellen Sortiment enthalten sind, zuerst angewendet werden.

Auf dem Gebiet der elektrochemischen Analysenverfahren wird in der Sektion in zwei Richtungen gearbeitet: theoretisch über die kinetischen polarographischen Ströme und experimentell über die Coulometrie und die ionenselektiven Elektroden. Auf dem Gebiet der Coulometrie werden Bedingungen gesucht, bei denen Chrom (II) und Titan (III) in verschiedenen Medien mit 100%iger Ausbeute erzeugt werden, so daß eine präzise Bestimmung der Matrixkomponenten möglich wird. Es wurde auch ein automatisch arbeitendes Coulometer gebaut. In der letzten Zeit wird auch an der Entwicklung und der Prüfung neuer ionenselektiver Elektroden gearbeitet.

Von den Verfahren für die Stofftrennung wird in der Sektion vorwiegend über die Flüssig-flüssig-Extraktion gearbeitet. Unserer Meinung nach ergeben die Extraktionsverfahren zur Stofftrennung eine sehr gute Möglichkeit, die störende Wirkung der Matrixelemente zu beseitigen und die Elementspuren zu konzentrieren, was ein Grund ist, dieses Verfahren weiter zu entwickeln und zu vervollkommnen.

Zur Sektion „Analytische Chemie“ gehören noch zwei kleine Zwei-Personen-Gruppen, wovon die eine über die Geochemie der Edelgase und die Geochronologie und die andere über die Quantenchemie arbeiten. Im Zusammenhang mit der Thematik der ersten Gruppe werden spektrale, gaschromatographische und massenspektrometrische Bestimmungsverfahren für die verschiedenen Gase in Naturobjekten entwickelt. Die zweite Gruppe arbeitet auf dem Gebiet der Struktur-Analytik. Auf Grund spektroskopischer Daten (Elektronenspektren, IR-Spektren, MÖSSBAUER-Spektren u. a.) werden die Strukturen von Koordinationsverbindungen, die Möglichkeiten für eine monodentale und bidentale Verbindung, der Bindungswinkel bei der bidentalen Verbindung usw. berechnet. Zwecks Durchführung einer Synthese neuer organischer Reagenzien werden auch die Elektronendichten der Heteroatome in manchen Verbindungen berechnet.

Zum Schluß möchte ich betonen, daß im Rahmen des Zentrums für Chemie der Bulgarischen Akademie der Wissenschaften Arbeitsgruppen vorhanden sind, die die Gas- und Dünnschichtchromatographie, die Infrarot- und Raman-Spektroskopie, die NMR- und die ESR-Spektroskopie, die Röntgenstrukturanalyse, die Elektronenspektroskopie und Photoelektronenspektroskopie weiter entwickeln.

Gerhard Ackermann

Zusammenfassung der Diskussion

Die Diskussion bestätigte, daß auch in Zukunft die chemischen Methoden bei der Element- und Stoffanalyse eine wesentliche Rolle spielen werden. Ein verstärkter Einsatz radiochemischer Methoden ist wünschenswert. Interessante neue methodische Impulse für eine Weiterentwicklung sind durch den Einsatz biologischer Wirkprinzipien, wie Enzymreaktionen, Wachstumsgeschwindigkeit von Bakterienkulturen als Maß für den Gehalt an Elementspuren u. a., zu erwarten. Ein Gebiet, in dem besonders die Stoffanalyse in Zukunft eine steigende Rolle spielen wird, ist die Toxikologie, deren Bedeutung durch die ständig steigende Zahl an Schadstoffen stark anwächst.

Wegen der Breite der zur Zeit schon zur Verfügung stehenden Analysenmethoden und Verfahren muß der Rationalisierung große Beachtung geschenkt werden mit dem Ziel, dem Praktiker die Auswahl optimaler Bestimmungsmethoden zu erleichtern. Um die ständig wachsende Zahl von Analysen bewältigen zu können, sollte der Entwicklung und dem Einsatz von Analysenautomaten aller Art mehr Aufmerksamkeit geschenkt werden. Damit die dann in großer Zahl anfallenden Meßdaten noch besser genutzt und interpretiert werden können, ist auch die informationstheoretische und mathematisch-statistische Behandlung der einzelnen Verfahren auszubauen. Die Suche nach neuen Wegen zur Element- und Stoffanalyse muß von einem hohen theoretischen Niveau ausgehen. Daneben sollte in sinnvoller Relation für Arbeiten zur Rationalisierung bekannter Verfahren Raum gegeben werden.

KOMPLEX IV

ZUR PROZESSANALYTIK

Helmut Gille

Einführung und Zusammenfassung der Diskussion

Unter Prozeßanalytik soll die automatisierte Bestimmung der qualitativen und quantitativen chemischen Zusammensetzung von Ausgangs-, Zwischen- und Endprodukten industrieller Verfahren zum Zwecke der Prozeßführung verstanden werden. Für die Prozeßanalytik trifft die bei der Kennzeichnung der Analytik allgemein getroffene Charakterisierung als interdisziplinäres Wissenschaftsgebiet noch in erweitertem Maße zu (Analytiker, BMSR-Techniker, Verfahrenschemiker und -techniker und wiss. Gerätebauer). Es ist sogar vielfach in der Praxis der Großbetriebe so, daß die Prozeßanalytik verantwortlich dem Bereich Technik zugeordnet ist, weil die damit zusammenhängenden Probleme schwerpunktmäßig technischer Natur sind. Wenngleich eine strenge Abgrenzung nach disziplinären Gesichtspunkten nicht sinnvoll und auch nicht möglich ist, sollte die Diskussion zu diesem Komplex vorrangig aus der Sicht des Laboranalytikers geführt werden.

Die Zielstellung des Einsatzes von Prozeßanalysatoren ist einmal technisch-ökonomischer Natur, wie

- die Optimierung der Ausbeuten der interessierenden Produkte,
- die gezielte Beeinflussung der Qualität der Produkte,
- die Minimierung des spezifischen Verbrauches an Roh- und Hilfsstoffen sowie an Energie,
- die Kapazitätsausnutzung der Anlagen,
- die Einsparung lebendiger Arbeit,

aber auch und manchmal vor allem die Sicherheit des Anlagenpersonals und der Anlagen und die Vermeidung bzw. Minimierung der Umweltverschmutzung.

Die Anforderungen, die dazu bei chemischen Prozessen gestellt werden müssen, können oft von einer Laboranalytik nicht erfüllt werden. Insbesondere ist bei hoher Störfrequenz und hoher Störamplitude eine Prozeßsteuerung auf der Basis von Laboranalysen grundsätzlich nicht möglich. Grundsätzlich kann festgestellt werden, daß jedes laboranalytische Verfahren so weit automatisierbar ist, daß es prinzipiell zur Prozeßüberwachung und -steuerung herangezogen werden kann. Dabei müssen allerdings einige Prämissen erfüllt sein, z. B.

- genügend genaue und über lange Zeit reproduzierbare Ergebnisse

- zuverlässige Arbeitsweise auch unter Betriebsbedingungen (geringe Störanfälligkeit, möglichst keine oder wenig bewegte Teile),
- Wartungsfreundlichkeit,
- kontinuierliche und stabile Probenzuführung.

Andererseits können Prozeßgeräte entsprechend ihrer oft eng begrenzten Aufgabenstellung sehr viel einfacher gebaut sein als die entsprechenden Laboranalysengeräte.

Vor der Lösung des eigentlichen prozeßanalytischen Problems steht in jedem Fall eine intensive Untersuchung der konkreten Produkte mit den Labormethoden, wobei dann bei der Auswahl des Verfahrens und des Meßfühlers immer von ökonomischen Gesichtspunkten ausgegangen werden muß nach dem Grundsatz, so genau wie nötig und so sicher und billig wie möglich.

Zum weit überwiegenden Teil werden chemische Prozesse heute noch über nichtstoffspezifische Parameter wie Druck, Temperatur, Dichte u. a. überwacht und gesteuert. Es kann eingeschätzt werden, daß solche klassischen BMSR-Größen auch in der Zukunft dazu herangezogen werden und in vielen Fällen den Anforderungen genügen. Andererseits ist mit vielen Beispielen aus der Praxis unserer chemischen Kombinate wie Leuna, Buna und Schwedt belegt, daß man durch stoffspezifische Methoden wesentliche ökonomische Vorteile erreichen und damit bedeutende Reserven für die Volkswirtschaft erschließen kann. Bei einigen stoffspezifischen Prozeßanalysatoren kann man heute schon von „klassischen" Methoden sprechen (Prozeß-GC, nichtdispersive Infrarotanalysatoren, elektrochemische Prozeßgeräte). Diese Prozeßanalysatoren haben eine relativ große Anwendungsbreite bei wenig Anpassungsarbeit und haben sich dadurch schnell in der kommerziellen Herstellung durchsetzen können. In der Regel wird man daher die Anwendung solcher klassischen Meßfühler in Betracht ziehen.

Ist das Problem damit nicht lösbar, wird man andere moderne physikalisch-chemische Methoden auf ihre Eignung prüfen, wobei dann meist eine sehr teure Geräteentwicklung erforderlich wird. Es ist allerdings nicht zu übersehen, daß auch relativ komplizierte Methoden konkurrenzfähig zu werden scheinen und die oben genannte Priorität möglicherweise in Zukunft in Frage stellen. Die Informationen über solche Entwicklungen sind spärlich, weil sie oft als zum Verfahren gehörig behandelt und damit nur mit dem gesamten know-how zugänglich werden (Beispiele für Prozeßmassenspektrometer, dispersive IR-Spektrometer und ESR-Spektrometer).

In der DDR werden bei den genannten klassischen Methoden von einigen Betrieben Geräte angeboten, die zum großen Teil auch erfolgreich eingesetzt werden konnten (Chromatron, Junkalor Dessau, Forschungsinstitut Meinsberg). Es muß jedoch eingeschätzt werden, daß sowohl die Bedarfsdeckung als auch die Einsatzbreite und Zuverlässigkeit nicht ausreichen (GBC 2, Infralyt), so daß immer noch Importe aus dem NSW getätigt werden müssen. Hier sollte unbedingt angeknüpft und weiterentwickelt werden. Darüber hinaus werden ausgehend von konkreten wissenschaftlich-technischen Aufgabenstellungen immer wieder spezielle Entwicklungen notwendig werden, diese können dann aber nur mit dem besonderen Engagement der Anwender erfolgen. Eine schnelle Amortisation ist dabei aber im allgemeinen gewährleistet.

In der Diskussion, an der sich Prof. PUNGOR, Prof. KEMULA, Dr. KANCLIŘ, Prof. RINGPFEIL, Prof. REINISCH und Dr. RENNHACK beteiligten, wurden folgende Schwerpunkte besonders hervorgehoben:

- Allgemein wurde die volkswirtschaftliche Notwendigkeit des verstärkten Einsatzes von Prozeßanalysatoren und der Schaffung der dazu notwendigen Kapazitäten unterstrichen und dabei besonders auf die dringend notwendige Intensivierung der Kooperation der RGW-Länder auf diesem Gebiet hingewiesen.
- Prozeßanalysatoren sollten im verstärkten Umfang bereits im Forschungsbetrieb (Versuchsbetrieb in Laboratorien und Technika) eingesetzt werden, einerseits als Grundlage zur Ökonomisierung des Verfahrens für die chemische Großproduktion und andererseits zur Erhöhung der Forschungseffektivität insgesamt.
- Besonders diskutiert wurde der Zusammenhang zwischen Prozeßzeit und Analysenverfahren (Labormethode oder Prozeßgerät).
- Die Probenaufbereitung ist oft die Hauptschwierigkeit bei der Lösung prozeßanalytischer Probleme. Es ist notwendig, in verstärktem Maße technische Lösungen zu entwickeln bzw. weiterzuentwickeln.
- Zuverlässigkeit und Stabilität von Prozeßanalysatoren sind entscheidende Kriterien für ihren Einsatz in der chemischen Großproduktion und müssen belegt sein (Risikofaktor, Vorbehalte der Industrie).
- In zunehmendem Maße macht sich der Einsatz von Prozeßanalysatoren für Ultramikromengen erforderlich.

FSC
www.fsc.org
MIX
Papier | Fördert gute Waldnutzung
FSC® C083411

Zeitfracht Medien GmbH
Ferdinand-Jühlke-Straße 7
99095 Erfurt, Deutschland
produktsicherheit@kolibri360.de